防震减灾知识

张际松　编著

图书在版编目（CIP）数据

防震减灾知识 / 张际松编著 . -- 北京 : 海豚出版社 , 2022.7
ISBN 978-7-5110-5972-7

Ⅰ . ①防… Ⅱ . ①张… Ⅲ . ①防震减灾—中国—青少年读物 Ⅳ . ① P315.94-49

中国版本图书馆 CIP 数据核字（2022）第 088486 号

防震减灾知识
张际松　编著

出 版 人　王　磊
责任编辑　张　镛
封面设计　何洁薇
责任印制　于浩杰　蔡　丽
法律顾问　中咨律师事务所　殷斌律师
出　　版　海豚出版社
地　　址　北京市西城区百万庄大街 24 号
邮　　编　100037
电　　话　010-68325006（销售）　010-68996147（总编室）
印　　刷　北京市兆成印刷有限责任公司
经　　销　新华书店及网络书店
开　　本　710mm × 1000mm　1/16
印　　张　10.5
字　　数　85 千字
印　　数　5000
版　　次　2022 年 7 月第 1 版　2022 年 7 月第 1 次印刷
标准书号　ISBN 978-7-5110-5972-7
定　　价　39.80 元

中国幅员辽阔，一直是地震多发的国家。随着经济社会的快速发展，我国防震减灾工作也在科学有序地进行着。

地震，又被称作地振、地动、地振动等，同平常的刮风下雨一样，地震是地壳在快速释放能量时造成地壳震动的一种自然现象。地球各个板块相互挤压、碰撞，以及板块内部及边沿破裂与错动是引起地震的主要原因。

防震减灾由防震和减灾两部分构成。其中，防震指的是人们对地震的监测与预防。而减灾则是指地震来临时人们的避震方法与自救方法，以及震后对次生灾害、生理问题与心理问题的预防与应对。

防震减灾的主要内容有地震的监测工作、地震的预防工作、地震的灾害预防工作、地震应急救援工作、震后过渡性安置工作、震后恢复重建工作以及法律责任与监督管理工作等。

根据《中华人民共和国防震减灾法》第三条，“防震减灾工作，实行预防为主、防御与救助相结合的方针”。我们应当将地震的预防、防御与救助结合起来进行防震减灾工作，可是，目前人类还无法做到100%精确监测地震，所以，相比防震，我们更要懂得如何减灾。

作为一种突发性灾害事件，地震有着极强的破坏力。它不但会大面积摧毁建筑物，也会给人类带来致命性伤害。可以说，地震是造成人员伤亡最多的自然灾害之一，也是造成经济损失最严重的自然灾害。

好在地震虽然不能100%精确监测，但可以通过一些地震发生前的征兆来预测。这样人们可以提前撤离或用一些震时自救方法来减轻伤害。比如，地震前，动物们常会焦虑不安，或狂叫，或逃窜；地震发生时，房屋倒塌后形成的“三角空间”是相对安全的躲避地点。

为了宣传防震减灾知识，为了加强国民防震减灾意识，我们特编写了这本《防震减灾知识》。地震来临时，拥有防震意识，就知道如何保护自己，就能减少地震给人们带来的灾害。

本书编写过程中，更多体现了地震时的应急自救、避震常识，以及震后次生灾害预防与应对和恢复重建等内容。关于地震的基本概念，本书采用中国已颁布的国家标准及防震减灾术语，用说明性极强的文字，让读者一看就懂、一学就会。

防震减灾需要社会全面参与预防，也需要全民共同抵御。为了真正普及防震减灾知识，本书从章节设置、标题拟定、内容选择方面都凸显了实用性。防震减灾不是一朝一夕就能完成的，需要你我的共同努力。

在此，谨以此书向历年牺牲于地震中的同胞致哀，也向奋斗在地震监控、预防、救援、重建一线的工作者致敬。

目录
CONTENTS

第五章　地震次生灾害预防与应对

第六章　震后的过渡性安置与恢复

附录　中华人民共和国防震减灾法

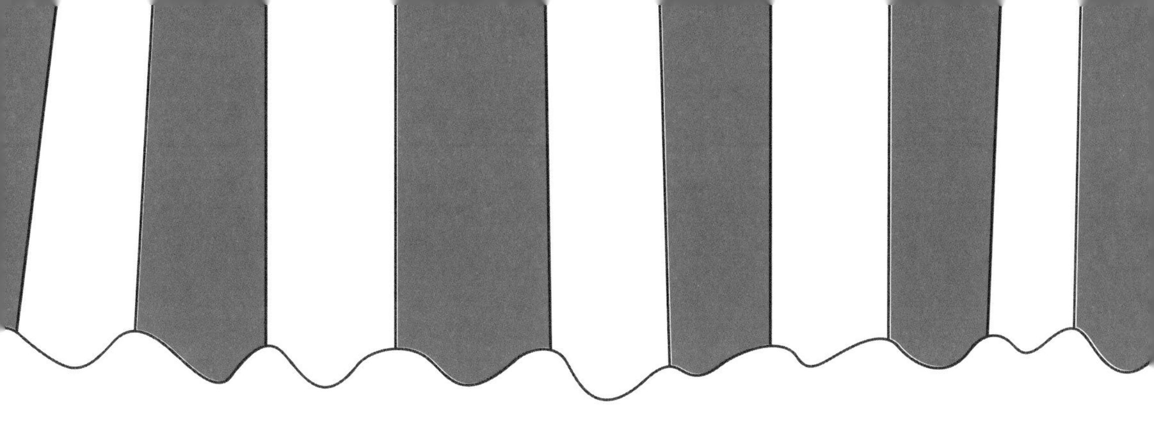

第一章

熟悉又陌生的地震

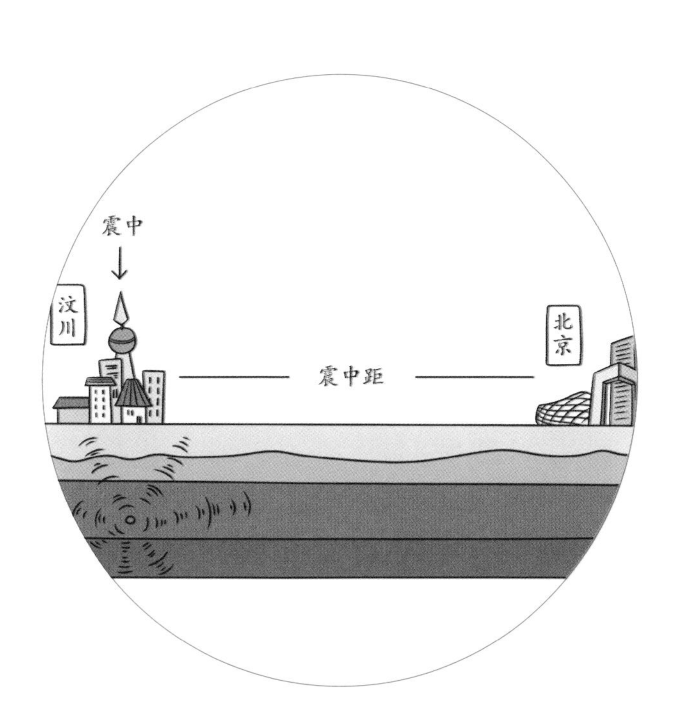

第一节 板块，震级，烈度

地震，又被称作地振、地动、地振动等。地震是地壳在快速释放能量时造成地壳震动的一种自然现象。地球各个板块相互挤压、碰撞以及板块内部及边沿破裂与错动是引起地震的主要原因。

地球时时刻刻都处于运动之中，这种运动会让地下的岩层受到不同程度的挤压、拉伸等。当力作用到一定程度时，岩层结构较为脆弱的地方就会发生快速的破裂。这种岩层破裂时引发的震动，便是我们常说的地震。

一、板块

提到地震，板块运动是不可跳过的部分。

板块是“板块构造学说”的概念。随着科技的发展，人们发现地壳并非一个整体板块，而是由数个板块构成。1968 年，法国地质学家萨维尔·勒皮雄率先将全球的岩石圈分成了六大板块——太平洋板块、亚欧板块、印度洋板块、非洲板块、美洲板块和南极洲板块。其中，环太平洋板块的边界运动最为活跃，因此，环太平洋板块地震与火山爆发也最为频繁。

二、震级

据统计，全球每年发生地震大约 500 万次。其中，绝大部分地震都是幅度很小、很难察觉的地震，所以人们并不觉得地震是件多可怕的事。事实上，能对人类家园造成破坏的是 5 级以上的地震，即破坏性地震；5 级以下的地震，大部分人都是很难感觉到的。

那么，地震的等级是如何划分的呢？我们一起来看一下。

震级，指的就是地震规模的大小，地震越大，代表震级的数字就越大。目前，世界上最大的震级为矩震级 9.5 级（1960 年 5 月 21 日下午 3 时的智利大地震）。

中国通常采用里氏震级。里氏震级，即美国地震学家里克特和古登堡提出的地震震级标度，其震级范围为 1~10 级。里氏震级每相差 1 级，其能量大约相差 30 倍。

按照震级的大小，人们将地震分为如下 5 个等级。

1. 弱震：泛指震级小于 3 级的地震。

2. 有感地震：震级等于或大于 3 级，小于或等于 4.5 级的地震。

3. 中强震：震级大于 4.5 级，小于 6 级的地震，如彝良地震。

4. 强震：震级等于或大于 6 级，小于 8 级的地震，如玉树地震。

5. 巨大地震：震级等于或大于 8 级的地震，如汶川地震。

▲ 中级以下地震

三、烈度

地震发生后，大部分人最先关注的问题都是“这是多大的地震”。如果回到几百年前，人们肯定没有几级地震的概念。那么，那时的人们如何形容地震的大小呢？这就涉及另一个地震相关概念——烈度。

《明史》中有一段关于陕西省地震的描述：“……或地裂泉涌，中有鱼物，或城郭房屋陷入地中，或平地突成山阜，或一日数震，或累日震不止。其间河渭大泛，华岳山崩，终南山鸣，河清数日。官吏、军民压死八十三万有奇。”可见，当时人们描述地震的大小，是通过地震的破坏程度来形容的。而地震的破坏程度，就是我们今天所说的地震烈度。

▲ 强烈地震

1980 年，中国重新编订了地震烈度表。

Ⅰ度（无感）——仅能凭仪器监测到。

Ⅱ度（微有感）——室内个别静止中的人能感受到。

Ⅲ度（少有感）——在室内，个别静止中的人能感受到；悬挂物会轻微摆动。

Ⅳ度（多有感）——在室内，大多数人有感，少数人梦中惊醒；在室外，仅少数人有感；悬挂物明显摆动，不稳器皿作响。

Ⅴ度（惊醒）——室内外大多数人有感，多数人梦中惊醒，动物不宁，门窗作响，一些墙壁表面出现裂纹，不稳定器物翻倒。

Ⅵ度（惊慌）——人站立不稳，多数人惊逃户外，简陋棚室损坏，器皿翻落，陡坡滑坡，饱和砂层出现喷砂冒水，河岸和松软土层出现裂痕。

Ⅶ度（房屋损坏）——房屋轻微损坏，河岸出现塌方，饱和砂层常见喷砂冒水。

Ⅷ度（建筑物破坏）——房屋多有损坏，少数破坏，地下管道破裂，路基塌方。

Ⅸ度（建筑物普遍破坏）——房屋大多数被破坏，少数倾倒；干硬土上有许多地方出现裂缝；滑坡、塌方常见；烟囱崩塌；铁轨弯曲。

Ⅹ度（建筑物普遍摧毁）——房屋倾倒，道路毁坏，大量山石崩塌，水面出现扑岸大浪。

Ⅺ度（毁灭）——房屋坍塌，路基、堤岸大段崩毁，地震断裂延伸很大，大量山崩滑坡，地表产生很大变化。

Ⅻ度（山川易景）——建筑物几乎全部毁坏，地面发生剧烈变化，山河改观。

与震级不同，烈度是受人们主观意识和当地地质环境与建筑环境影响的，所以，烈度并不能作为衡量地震大小的标准。

第二节 地震的元凶——活动断层

活动断层，一直被人们称作“地震的元凶”。断层是地壳受力后发生的破裂，因此又有“断裂”之称。活动断层简单来说，就是迄今为止仍在持续活动的断层。大量资料证实，地震与活动断层之间关系密切，尤其是中强度以上的地震，更是与活动断层密不可分。

活动断层与活动盆地、活动火山、活动褶皱等都是活动构造中的一种。在我国的《活动断层探测（GB / T 36072—2018）》的标准中，活动断层是指地球距今 12 万年以来有过活动的断层，包括晚更新世断层和全新世断层。活动断层是地表最主要的发震构造。

地震带与活动断层在成因上紧密相连，且活动断层是地震分布、发生的根本因素，可以说，活动断层是破坏性地震的主要危险源。对人类来说，活动断层的破坏方式主要有三种。

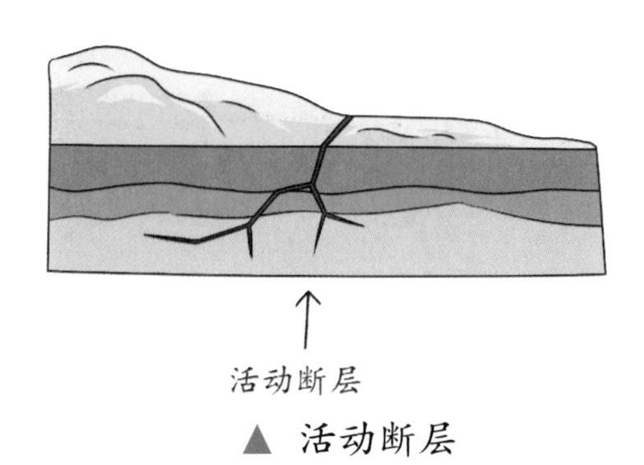

▲ 活动断层

1. 由活动断层直接错断地表引发破坏

汶川地区发生的 8.0 级地震，活动断层直接通过北川县城，引起近 10 米的地表错动。在活动断层带内，所有的建筑物都被摧毁，人类、动物伤亡不计其数。

2. 活动断层引发强烈的地震，使建筑物被破坏

四川省雅安市芦山县发生的 7.0 级地震将芦山县，尤其是农村地区的大部分房屋震坏，且无法修复。该次地震也造成了数百人伤亡。

3. 活动断层引发的地震地质灾害破坏

由活动断层引发的地质灾害主要包括崩塌、滑坡和砂土液化等。近些年，中国发生的地震中，最严重的当数汶川地震。当时，因滑坡造成的人口死亡占了总死亡人数的三分之一，可见由地震引发的地质灾害的严重破

坏性。

从上述内容中，我们不难发现，活动断层灾害及风险一直是备受人们关注的重大安全问题。尤其是人口密集的城市地区、大型水电工程站、核电站、核废料处理厂和重要的交通地段，活动断层灾害更是需要重点防范。

在中国，四川省是遭受地震灾害最为严重的省份之一。四川省位于青藏高原东侧，省内有近百条各种规模的断层，约有三分之一为活动断层。这些活动断层会导致四川地区地震频率高、震级大、危害区域广。自中华人民共和国成立以来，四川地区 5 级以上地震已经发生百余次。近年来，更是相继发生了汶川 8.0 级地震、芦山 7.0 级地震、九寨沟 7.0 级地震等，造成重大人员伤亡和财产损失。

查明活动断层的分布地区和检验活动断层危险程度都是防御地震灾害的主要手段。“十五”以来，近百个城市由中国地震局牵头，完成了城市的活动断层探测。这一探测结果将应用到新一代中国地震动参数区划图潜在震源区划分和震级上限的评估中。相信活动断层探测在国民经济服务与社会发展方面取得的效益会越来越显著。

第三节　地震的速度——纵波与横波

地震波，指的是从震源发出的，向四周辐射的弹性波。按照传播方式，地震波可以分为纵波、横波与面波三种。其中，纵波与横波被称为“地震的速度”。纵波又称“P 波”，其上下振动，破坏性较弱；横波又称“S 波”，其前后、左右抖动，破坏性较强。

地震发生的时候，纵波作为上下振动的波，会率先传到地表。所以，在地震来临之初，我们会感到房屋上下震动且震动并不强。人们建造建筑物时，为了抵抗地球的吸引力，纵向上的建筑强度会很高。因此，建筑物也不会因为地震的纵波而受到破坏。

当然，纵波来得快，去得也快。纵波过后，横波便接踵而来。横波是左右抖动的波，它会让建筑物左右摇动，破坏性极大。有时，强力的横波还会让建筑物从水平方向被剪切。这样的剪切会使建筑物的结构错位，引起坍塌。

学会分辨地震纵波与横波有什么意义呢？答案就是能帮助人们在地震来临时更好地逃生。

懂得分辨纵波与横波，就能充分了解地震规律。日本是地震多发的国家，为了将地震可能造成的损失降到最低，日本气象厅决定于2006年夏天开始，正式实施“地震紧急预报”。这种“地震紧急预报”就是利用地震发生时的纵波与横波的时间差，在极短的时间内进行地震预报。通常情况下，纵波结束后的几秒到几十秒之间，横波便会到来。人们可以利用这段时间，进行相应的避震措施。

地震发生时，纵波是最先到达地表的波，所以监测地震的仪器最先记录到的也是纵波。

▲ 纵横波

纵波的振幅较小，地震预警就是利用地震发生后，纵波与横波的时间差进行预报的。经过粗略估算，震源四周50千米内的地区，会在地震前10秒左右收到预警；震源四周 90~100 千米的地区，会在地震前 20 秒左右收到预警。

中国地震局原震灾应急救援司司长徐德诗曾说：“横波晃，纵波颠。我们平时要多看一些有关地震常识的书，了解地震的规律。简单地说，横波会让建筑物左右晃动，这表明我们距离震中心非常远，无须紧张；如果是先晃动后颠簸，说明震中心距离我们较近，需要做好应急措施，但无须惊慌；如果建筑物既左右晃动同时也上下颠簸，那么说明地震中心距离我们非常近，需要紧急避险。”

地震纵波与横波在防震减灾中的意义是十分重要的，即便是 10 秒左右的时间，也足够人们进行避震自救了。

除了地震监测，地震波还可以用于勘探领域与科研领域。比如，人们已经开始利用人工地震来进行石油探勘了。而且，人们也开始利用天然地震的纵波与横波，对地球内部结构进行探索。

如今，我国已实现了探硐地震波测试数字处理和资料整理的微机化，这种测试可以让地震横波的记录获得率达到 90% 以上。相信不远的未来，人类就能进一步提高原位测定横波的准确性，让地震不再成为人类的噩梦。

第四节 地震的大小和远近

地震是一种破坏性极大，突发性极强，会造成严重伤亡的自然灾害。不过，只有大地震会造成上述影响，小地震虽然具有突发性，但破坏性却不大，伤亡甚至为零。而且地震也有远近之分，区分远距离地震与近距离地震，也能帮助人们正确避险。

地震有大有小、有远有近。大地震、近距离地震与小地震、远距离地震造成的破坏程度是不一样的，人们要采取的避险方法也不同。目前，人们所采取的是“远震、小震不用理，近震、大震需避险”的方式。因此，地震发生时，人们需要冷静应对，注意判断地震的大小与远近，这样才能避免人员伤亡和经济损失。

一、地震的大小

大地震与小地震的区别：人们在小地震突发时感觉

不到上下颠簸，即感觉不到纵波的存在。人们只能感受到轻微、极短的左右晃动或前后晃动。而大地震是大幅度上下颠簸，然后才会左右、前后摇晃，而且地震的震级越大，人们感受到的颠簸幅度越大、时间越长。

也就是说，当人们感觉像被轻轻推了一下，或房间内挂饰、吊灯左右摇摆时，证明地震的震级并不大，可先观察再做决定是否避险；当房屋上下颠簸明显时，则需要立刻避险。

地震来临时，无法区分地震大小的人们，会在中小型地震发生时，由于避险不当或慌不择路，反而造成意外伤亡。因此，地震时需要人们正确评估地震震级，秉承“房子不倒，不必瞎跑”的原则进行避震。

地震预警信息也是帮助人们进行避震的好方法。预警信息中，Ⅰ级地震预警为红色，这是此地将发生大地震（预估烈度严重）的提醒。当看到红色地震预警时，人们需要按照正确的避震方法进行避震。而如果只是小地震，人们除了“头一晕”外没有其他感觉，则没有地震预警信息对居民进行预警。

除此之外，室内的人们还可以通过家具、器具翻倒，悬挂物掉落，屋顶碎块坠落，以及室内突然起灰、墙体出现裂缝等情况，来判断是否有大地震发生。当出现上述情况时，则意味着大地震即将来临，需要人们紧急避险。

二、地震的远近

远距离地震与近距离地震的区别：近距离地震是先上下颠簸，约十秒后才会左右、前后摇晃。远距离地震则感受不到上下颠簸，直接是左右、前后摇晃。

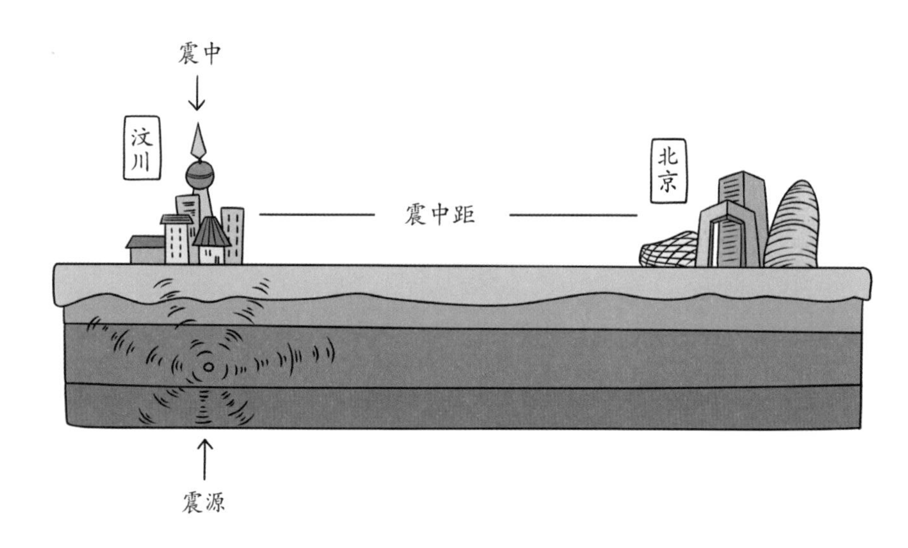

▲ 地震的远近

提到地震的远近，则需要解释三个名词——震源、震中、震中距。

震源，指的是地球内部发生地震的地方。

震中，指的是震源在地面上的垂直投影位置。也就是说，地震来临时，震中地区是震动强度最强、受灾最为严重的地区。

震中距，指的是震中到地球球面上的观测点的距离。一般来说，震中距大于1000千米的地震被称为“远距离地震”，震中距在100~1000千米的地震被称为“近距离地震”，震中距小于100千米的地震，被称作“地方震”。

以汶川地震为例，对于距离汶川地区300多千米的重庆来说，重庆地区发生的地震为近距离地震；对于位于汶川地区千里之外的北京来说，北京地区发生的地震为远距离地震。

第五节 地震的种类

地震可以分为天然地震和人工地震两大类。其中，天然地震是地球内部活动引发的地震，主要包括构造地震、火山地震与陷落地震。

除了上述分类，按照成因的不同，地震还可分为构造地震、火山地震、陷落地震、诱发地震与人工地震五种。下面，我们就来看这五种地震有何区别。

一、构造地震

构造地震是因为地壳发生断层而引起的地震，所以又被称作“断层地震”。地下深处的岩石在构造运动中产生的变形超出岩石承受能力，岩石发生断裂，将长期积累起来的能量，通过地震波的形式向四周急剧释放。构造地震占全世界地震的 90% 以上，是发生次数最多、破坏力最大的地震。我们平时说的地震，绝大部分是指构造地震。目前，能记录到的最大构造地震的震级为8.9级。

二、火山地震

火山地震指的是由火山活动而引发的地震，简单来说，就是由于火山作用，如岩浆活动、气体爆炸等而引发的地震。火山地震通常影响范围较小，发生频率也不高，约占地震总数的7%。火山与地震往往存在关联，因为火山通常发生在板块的边界，一旦火山爆发，就有可能激发地震。目前，全球最大的火山地震带为环太平洋火山地震带。

三、陷落地震

陷落地震指的是因岩层塌陷而引发的地震。受地下水的长期侵蚀，易溶岩会形成溶洞，溶洞顶部容易发生塌陷。所以，在石灰岩等易溶岩分布的地区，经常会有陷落地震发生。在我国西南地区，陷落地震是比较常见的现象，尤其是一些采矿区，由于其采空区范围较大，如果没有足够的回填，就有可能引起陷落地震。

四、诱发地震

诱发地震是在特定的地区因某种地壳外界因素诱发而引发的地震，主要是因水库蓄水、油田开采、深井高压注水等活动而引发的地震。其中，最常见的当数水库地震。水库在蓄水之后，岩体的应力状态会随之发生改变，且水库里的水会渗透到已经存在的断层中，起到腐蚀与润滑的作用，促使断层产生新的滑动。但是，并非全部的水库都会在蓄水后发生地震，只有在水库所在地区发生活动断裂、岩性刚硬等条件时，才会触发水库地震。

五、人工地震

人工地震指的是因人为活动而引发的地震，比如工业爆破、炸药爆破、地下核爆炸等。爆炸的能量越大，所产生的震动就越大。同时，人工爆破也会受到地质条件的限制，比如在松软的土石层中爆炸要比在坚硬的岩石中影响更小些。在花岗岩中，一次百万吨级的氢弹所引发的地震，大约相当于一个里氏 6 级的地震。人工地震通常不会造成人员伤亡。

第六节 影响地震灾害大小的因素

地震灾害指的是由地震引发的强烈地面震动及随之而来的地面裂缝和变形，导致各类建筑物崩塌损毁、设备设施损坏、其他生命线工程设施等被破坏，以及由地震引发的一系列火灾、爆炸、有毒物质泄漏、放射性污染、瘟疫等灾难。

地震灾害具有很强的突发性，其发生频率较高，次生灾害相当严重，对自然和人类社会具有不可估量的影响。地震灾害包括自然因素与社会因素两种。不同地区、不同震级的地震，所造成的灾害大小是不一样的。综合来看，地震灾害主要受以下六点因素影响。

一、地震震级与震源深度

地震的震级越大，其释放的能量就越大，可能造成的灾害也就越大。在震级相同的情况下，震源深度越深，震中的烈度就越低，其破坏力也就越小。反之，震源深度越浅，震中的烈度就越高，其破坏力就越重。在一些震源深度特别浅的地震中，即便该地震的震级不大，也可能会造成出人意料的灾害。

二、场地条件

场地条件主要包括该地区的土质、地下水位、地形、是否有断裂带通过等。通常情况下，土质松软、地下水位高、地形起伏大、覆盖土层厚、有断裂带通过的地区，会进一步加重地震灾害。因此，人们在进行工程建设的时候，需要尽量避开这些不利地段，以免在地震来临之际造成较大的损害。

三、人口密度与经济发展程度

如果地震发生在海底、沙漠、孤山或荒无人烟的地带，那么即便震级再大，也不会造成人员伤亡或经济损失。反之，如果地震发生在人口密度大、经济发达、交通发达、社会财富集中的大城市，则会造成巨大的人员伤亡与经济损失。

▲ 无人区发生地震，没有什么损失

四、建筑物的质量

地震时，各种建筑物的坍塌是造成人员伤亡与经济损失的直接原因之一，也是地震最重要的灾害。建筑物尤其是房屋质量的好坏，抗震性能的高低，会直接影响该地区的受灾程度。所以，人们必须做好建筑物的抗震设防。

▲ 城市发生地震，损失巨大

五、发生地震的时间

通常情况下，发生在夜间的破坏性地震要比发生在白天的破坏性地震所造成的人员伤亡更大。有时，这种灾难会扩大到5倍之多。唐山大地震，其伤亡惨重的原因之一，就是该地震发生于凌晨3时42分。此时绝大多数人都在室内熟睡，几乎没人能从破坏性大地震中反应过来。很多人认为，破坏性地震大多发生在夜间，其实这种观点并没有科学依据。据统计资料表明，破坏性地震发生的时间不受白天和夜晚的影响，只是发生在夜晚的破坏性地震所造成的灾害更大，所以给了人们“破坏性地震都发生在夜间”的错觉。

六、当地对地震的防御情况

人们有没有在破坏性地震发生之前对地震做出防御，以及防御工作的好坏会直接影响经济损失的大小与人员伤亡的多少。做好地震防御工作，能有效减轻地震带来的损失。

地震灾害等级，通常是以伤亡人数与经济损失为标准来进行划分的，具体可分为如下四个等级。

1. 一般地震灾害：发生在人口较密集地区的 5.0~6.0 级地震；死亡人数不超过 20 人，经济损失不太严重。

2. 较大地震灾害：发生在人口较密集地区的 6.0~6.5 级地震；死亡人数在 20~50 人，经济损失比较大。

3. 重大地震灾害：发生在人口较密集地区的 6.5~7.0 级地震；死亡人数在 50~300 人，或直接经济损失不超过该省（自治区、直辖市）去年生产总值的 1%。

4. 特别重大地震灾害：发生在人口较密集地区的 7.0 级以上地震；死亡人数在 300 人以上，或直接经济损失占该省（自治区、直辖市）去年生产总值的 1% 以上。

第七节　中国为什么地震多

提起世界上地震多发的国家，相信大多数人最先想到的都是日本。可事实上，中国与日本一样，也是世界上受地震灾害影响严重的国家。尤其是大陆强震，中国更是在数据上远多于日本。

中国，在拥有广袤无垠的国土的同时，也承受着这片土地带来的地震灾害。根据数据统计，自 20 世纪以来，中国在地震中的死亡人数便占全球地震死亡人数的一半以上。

中国为什么会有这么多的地震呢？我们需要从地震带说起。

目前，全球主要地震带有三个，分别是环太平洋地震带、欧亚地震带、海岭地震带。其中，环太平洋地震带指的是太平洋周边经常发生地震和火山爆发的地区；

欧亚地震带又称“喜马拉雅—地中海地震带”，指的是横贯欧亚大陆南部、非洲西北部的地震带，全长 2 万多千米；海岭地震带指的是分布在太平洋、大西洋、印度洋中的海岭地区。

中国位于世界上最活跃的两个地震带——环太平洋地震带和欧亚地震带之间，有些地区甚至是两个地震带的交汇部位。而且，与地震关系最为紧密的活动断层，几乎遍布华夏大地。

那么，中国地震到底多到什么程度呢？从可考据的资料中，我们能看出除了浙江、贵州两个省，中国其他省、自治区、直辖市，都发生过 6.0 级以上的地震。其中，有 18 个省、自治区、直辖市发生过 7.0 级以上的大地震。

我国大约每 10 年就会发生一次级别较大的地震。而科学家经过地质探测与数据收集、分析后，发现中国的地震密集带几乎纵穿南北。这条地震带贯穿云南、四川西部、甘肃东部、宁夏。汶川 8.0 级地震、芦山 7.0 级地震、鲁甸 6.5 级地震、九寨沟 7.0 级地震、海原 8.5 级地震、古浪 8.0 级地震等，都是发生在这条南北地震带上的大地震。

中国城市周边，也存在不少地震多发的地震带。科学家采集、分析了数千条关于672个城市的地震信息，得出了这样的结果：中国发生过6.5级以上（等效）近源地震的城市，主要集中在西南地区、西北地区、东南沿海及华北地区。这些地区的城市，大多数位于中国的主要地震带上，所以，这些地区应当重点预防、监测地震，并做好抗震设防工作。

我国历史上发生过多次8.0级以上的巨大地震，且东部人口较为集中的城市依旧面临着地震的威胁。这便是我国所面临的现状，我们别无选择。但是，相信在不远的未来，我们能够运用科技的力量，与这片土地更加和谐地共存下去。

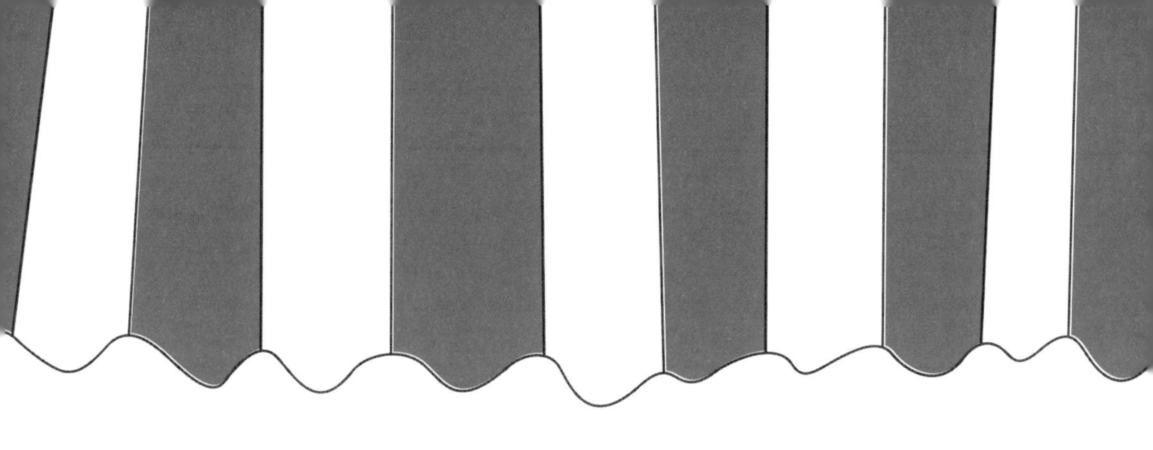

第二章

地震监测预报

第一节 我国的地震监测

地震监测，指的是人们在地震前后，对地震前兆异常与地震活动进行的监视与测量。地震的监测方式主要有两种，一种是专业监测，另一种是群众监测。专业监测指的是专业的地震台站使用水位仪、地震仪、电磁波测量仪等专业仪器进行监测；群众监测则主要依靠动物异常活动、水井水位异常等来观察地震前的异常现象。

2014 年 11 月 22 日 16 时 55 分，四川省甘孜藏族自治州康定县境内发生 6.3 级地震。据测算，该处震源深度为 18 千米。我国立即启动了应急响应机制，紧急安排多颗陆地观测卫星，对四川省甘孜藏族自治州康定县进行了多次地震监测。

截至 2014 年 11 月 24 日，人们通过卫星数据应急共享通道摄录了16景震前卫星影像与震后卫星影像。其中，震前影像10景，分别为高分一号影像4景、资源三号影像2景、资源一号02C影像2景、实践九号A星影像2景；震后影像6景，分别为资源一号02C影像2景、高分一号影像4景。这些影像在第一时间发送给了中国地震局、民政部国家减灾中心、国土资源部以及四川省当地相关部门。可以说，这次地震监测为人们提供了珍贵数据，也为后期中国地震监测提供了宝贵经验。

自中华人民共和国成立到现在，我国的地震监测预报工作逐步走向科学化、现代化、规范化、数字化与自动化。1971年，中国地震局经国务院授权，作为承担《中华人民共和国防震减灾法》赋予的行政执法职责的国务院直属事业单位，负责管理全国的地震工作。中国地震局在全国范围内，建立了415个专业地震台站、20余个包含近300个站（点）的遥测地震台网。

目前，我国地震监测已经建立起地震监测预报、震灾防治和紧急救援三大工作体系，并实现了地震观测技术数字化的更新换代。如今，我国在全国范围内采用数字化仪器，将各地监测到的数据实时或准实时传递到北京。这对地震频发的中国来说，具有非常重大的意义。

中国自行研发设计的数字地震仪已经生产出来，这成为我国地震观测发展史上的重要里程碑，我国的地震观测仪器，也从进口逐渐转变为出口。经过数十年的不断努力，我国已形成了震情会商的信息网络技术系统以及年度地震趋势会商制度，这意味着我国的地震监测能力与预报能力获得了极大提升。

经过不断努力，中国建成了覆盖全系统的以行业应用为主要目的的现代地震信息网络，形成了颇具中国特色的以地震前兆为基础、地震经验总结积累为重点内容的地震监测系统。随着地震监测技术的不断发展，相信中国在地震监测方面的工程措施会越来越完善。

第二节 地震预报

地震预报，指的是人们对将要发生地震的时间、地点、震级、受灾影响做出的预报。地震预报需要注意如下三点：地震发生时间、地点、震级。通过对地震的预报，人们可提前采取避震行动，降低地震带来的损失。

准确的地震预报，对人们成功避震的影响是不言而喻的。目前，中国进行地震预报的方法主要有三种：地震地质法、地震统计法、地震前兆法。这三种预报方法需要相互结合，相互补充，这样才能取得最好的地震预报效果。

目前，中国的地震预报主要建立在地震前兆观测与理论计算基础上。虽然地震工作者在长期的理论研究中，形成了一套地震预报体系，但这种预报体系准确率并不高，还有待进一步改进与完善。

根据不同的用途和目的，我国将地震预报分为四种类型。第一种是地震长期预报，指对未来十年内可能发生破坏性地震的地域的预报；第二种是地震中期预报，指对未来一二年内可能发生破坏性地震的地域和强度的预报；第三种是地震短期预报，指对三个月内将要发生地震的时间、地点、震级的预报；第四种是临震预报，指对十日内将要发生地震的时间、地点、震级的预报。

一、长期预报

长期预报主要根据历史地震活动资料的统计分析，对地质构造活动背景、地球物理场变化背景、地壳变化等进行观测研究，并以此为基础，对某地今后数年到数十年的强震形式提出长期性的预报意见。

中国地域辽阔，但地震检测能力比较有限。不过，根据历史地震活动资料的统计分析，强震大多发生在活动断裂的端点、拐点、交点、闭锁点等部位。

二、中期预报

地震中期预报，主要是根据各种异象分布情况，来判断地震的发震时间与强度。我国在进行地震中期预报的时候，主要需考虑该地区的地质构造、历史地震情况，以及异常、异象发生的数量、幅度、起始时间等。中期预报阶段中的基础性工作，主要是依据统计学，如线性预测、极值理论等来进行分析的。此外，该区域内的太阳黑子活动，也是强震预报的参考之一。

三、短期预报与临震预报

短期预报与临震预报更多需要依靠突发性的异常来进行判断。不过，虽然历史上有一些通过突发性异常来判断地震的例子，但目前并没有科学理论证实，这些异常发生后一定会发生地震。因此，我们只能将这些突发性异常作为参考。这些突发性异常包括声、光、电等异常，地下水突然发生的升降、变色、变味、冒泡、翻花，油、气、水的喷发，以及动物习性异常等。

目前，人们对地震孕育发生原理与规律还没有全面的认识。虽然中国已经能够针对某类型地震做出一定程度的预报，但至今为止，我们还是无法预报所有的地震，而且，我国短临预报的成功率还是相对较低。

不过，通过数代人的努力，中国在对地震预报的重视程度与预报准确程度上，已经位居世界前列。中国曾成功对海城等大地震做出准确的短临预报，因此，经联合国教科文组织评审，中国作为唯一对地震做出过成功短临预报的国家，被载入世界史册。

相信未来，中国在地震预报方面会做出更杰出的贡献。

第三节 地震前兆现象

地震前兆，指的是地震前发生的与地震相关的异常现象。因为地震的孕育与发生都是相当复杂的，所以，在研究地震前兆时，需要运用地球物理学、地质学、生物学、地球化学、气象学等诸多领域中的知识，并以此为基准，分辨地震前的异常现象。

按照人们可观测到的异常现象进行划分，地震前兆可以分为宏观前兆与微观前兆两种。下面，我们就来看这两类地震前兆有何区别。

一、宏观前兆

人们能通过感官直接察觉到的前兆，被统称为“地震宏观前兆”。比较常见的地震宏观前兆有井水变色、变味、冒泡、翻花，地下水水位升降、温度升降，泉水突然增流或减流，温泉水突然变化，动物习性突然变化，临震前的地光、地声等。

在众多宏观前兆中，动物的异常行为是人们能观测到的普遍现象。比如隆冬时节，本该冬眠的蛇突然全部出洞，成千上万只青蛙集体搬迁等。

▲ 地震前兆

地震宏观前兆的特征比较明显，与人们的生活也息息相关，所以比较容易发现。当异常现象出现在我们身边时，最好的办法就是向地震部门或当地政府报告，让专业人员前来核实查清事情的真相。

下面，我们来具体了解普通群众能观测到的地震前兆有哪些。

1. 动物异常

许多动物的器官感觉都特别灵敏，比如老鼠能躲避矿井崩塌，水母能预测海上风暴等。下面我们就从身边常见的动物入手，来进行地震前兆的动物异常分析。

牛、马、驴、骡：不进食，不进厩，不停打架、嘶鸣，不断蹬地、刨地，想挣脱缰绳逃跑，在行走中突然惊跑。

猪、羊：不进食，不进圈，乱叫乱闹，越圈外逃。

狗：狂吠不止，狂躁、咬人，不断嗅地、扒地，叼着狗崽搬家，警犬不听指令。

猫：家猫惊慌不安，野猫叼崽搬家或上树。

兔：不进食，乱叫，惊慌逃出窝。

鸡：纷纷上树，在架内闹个不休。

鸭、鹅：不下水，不进架，不进食，惊叫，飞跳。

蛇：冬眠的蛇成群出洞，在雪地里出现大量冻死、冻僵的蛇。

鼠：白天成群出洞，惊恐逃窜，或像醉酒一般发呆，不怕人。

蛙：成群出逃，大蛙携带小蛙迁移。

鱼：野生鱼狂游，跳出水面，成群漂浮；家养鱼发出叫声，乱跳不止，头尾磕碰出血，呆滞，死亡。

从我国防震减灾史来看，历史上确有通过动物异常来判断地震的案例。不过，这种方式并不是完全准确，因为影响动物生活习惯的因素有很多，地震只是其中之一。因此，通过动物异常来判断地震即将来临的方式只能作为参考。

▲ 动物异常

2. 地下水异常

与人们生活相关的地下水主要是井水与泉水。井水变色、变味、冒泡、翻花、水位升降、温度升降等，泉水流量突然性改变（如泉源处突然枯竭或涌出），温泉水突然变化，都有可能是大地震要发生的前兆。

3. 气象异常

久旱不雨、阴雨不断、黄雾四散、狂风骤起、日光晦暗、六月飞雪等异常气象，通常是大地震发生的前兆。

4. 地声异常

地声异常指的是地震前夕，人们可听到从地下发出的声音。有的声音像炮响、雷鸣，有的声音则像重车行驶、大风鼓荡。

5. 地光异常

地震来临前会出现一些来自地下的光亮，如银蓝色、白紫色、红色、白色等，其形态也各不相同，有带状、球状、柱状、弥漫状等。这些地光出现的范围比较大，人们在震前几小时或几分钟内可能观测到，地光持续几秒钟。

6. 地气异常

地气指的是地震前地下翻涌的雾气。这种雾气有白色、黑色、黄色等颜色，常伴随怪味出现，出现时有高温及声响。地气会在地震前几天或前几分钟出现。

7. 地动异常

地动异常指的是地震前夕地面出现的晃动。

8. 地鼓异常

地鼓异常指的是地震前夕地面上出现的鼓包。这些鼓包会在鼓起几天后消失，然后再鼓起来，如此反复多次，直到地震发生。与地鼓类似的异常还有地陷、地裂等。

9. 电磁异常

电磁异常指的是地震前夕家电出现的异常。如电视机、收音机失灵，声音忽大忽小；灯关不上，关上后突然亮起来；等等。

二、微观前兆

人们凭借感官无法察觉，只能用专门的测量仪器才能监测到的地震前兆被统称为“地震微观前兆”。地震微观前兆主要包括地震活动异常、地球物理变化、地形变异常、地下流体的变化四种。

其中，地震活动异常指的是地震有大有小，且大地震和小地震有着一定的关联。研究中小地震的活动特点，能帮助人们预测未来可能出现的大地震。地球物理变化指的是在地震孕育过程中，震源区及周围岩石物理性质的变化。地形变异常指的是大地震发生之前，震中附近地区的地面会发生微小改变，借助精密仪器测量，能帮助人们预测震中附近可能会发生的大地震。地下流体的变化，指的是地下水、石油、天然气、地下岩层中存在的气体等地下流体发生的改变。

第四节　关于地震，网络谣言不可信

《中华人民共和国刑法修正案（十一）》规定，编造虚假的险情、疫情、灾情、警情，在信息网络或者其他媒体上传播，或者明知是上述虚假信息，故意在信息网络或者其他媒体上传播，严重扰乱社会秩序的，处三年以下有期徒刑、拘役或者管制；造成严重后果的，处三年以上七年以下有期徒刑。

▲ 网络谣言

近年来，关于地震的谣言不断出现在人们的生活中。这些谣言对人们造成了很大影响，有些谣言还会引发人们的恐慌，或者在避震时，无法正确、科学地保护自己。地震是一种自然现象，但它巨大的破坏性与突发性，让大家觉得非常可怕，也对地震产生了一些误解。那么，关于地震的常见谣言与误解都有哪些呢？

一、地震过后，某地在某日某时也会出现大地震

在大型地震过后，不少人手机的群组、朋友圈等都会出现“××地将在×日×时×分出现××级地震，请大家及时撤离，做好预防”等提示。很多人对地震知识不太了解，尤其是对地震活动，更是知之甚少。加上现在是互联网时代，消息传播十分快捷方便。面对铺天盖地的此类“通知”，大部分人都会抱着“宁可信其有”的态度，一边着手撤离该地区，一边随手将这条消息转发出去。

可实际上，目前世界范围内，人们对地震活动，尤其是临震前的地震活动认知水平并不高。专业人士尚不能推测出某地某时即将发生地震的科学结论，何况是普通人呢？所以，当我们看到类似“××地将在×日×时×分出现××级地震”的消息时，不用怀疑，这是一个谣言。

二、“地震云”出现，某地要发生大地震了

关于“地震云”的传言，其实从明朝就有了。1624

年，意大利传教士在《地震解》第八章“震之预兆”中提到了“地震云”。

此后，“地震云”也频繁出现在各个时期的文献中，如“自西北起，黑雾弥天”“西南天大赤……夜有彤云”“忽见黑云如缕，宛如长蛇，横亘空际，久而不散，势必地震”“是日天空布满积云，下午一时许聚起大地震”“伪县府庶务科长看见，在西北天空中有如烟云的三系，其间带有黄色而明亮”……

到了近现代，“地震云”的说法更是频频出现在各个研究地震的圈子中。其中，最著名的当数曾任日本奈良市市长的键田忠三郎。虽然键田忠三郎并没有任何地质或气象方面的专业背景，但他却与人一起写了一本名为《地震云》的书。这本书记载了他依靠地震云预测地震，并成功预报出三次 7.0 级以上的地震。

1976 年唐山大地震留给国人的悲痛太深刻，20 世纪 80 年代，全国上下都渴望一种预报地震的方式，所以，民间对“地震云”的热情空前高涨。可事实上，这种“像把天空分两半似的地震云”“如海浪一般的地震云”“条带状地震云”并不能预报地震，它们只是自然界的正常现象。

中国气象局明确表示：没有充分的事实能够证明地震云与地震之间有什么内在关联性，而且，也没有证据证明，人们可以通过卫星云图来预测地震的发生。美国地质勘探局（United States Geological Survey，USGS）也曾明确表示：所谓的“地震云”与地震发生没有一点联系。

根据中华人民共和国国务院颁布的《地震预报管理条例》第十七条规定，发生地震谣言，扰乱社会正常秩序时，国务院地震工作主管部门和县级以上地方人民政府负责管理地震工作的机构应当采取措施，迅速予以澄清，其他有关部门应当给予配合、协助。

总之，缺乏科学依据的谣言不可信，大家需要擦亮眼睛，正确看待地震。不信谣，不传谣，地震来临不恐慌，这样才能真正提高生存概率。

第五节 地震预报发布途径

根据国务院颁布并实施的《地震预报管理条例》的相关规定，国家对地震预报实行统一发布制度，从事地震工作的专业人员擅自向社会散布地震预测意见、地震预报意见及其评审结果的，依法给予行政处分。

不少人会在朋友圈、微博、微信公众号中看到很多关于地震预报的发布信息。可事实上，普通媒体或群众是没有资格进行地震预报信息发布的。

我国对地震预报一向实施统一发布制度，目的就是防止群众被谣言迷惑。

1998 年 12 月 17 日，中华人民共和国国务院颁布并实施了《地震预报管理条例》。其中，第十四条规定，国家对地震预报实行统一发布制度。

全国性的地震长期预报和地震中期预报，由国务院发布。省、自治区、直辖市行政区域内的地震长期预报、地震中期预报、地震短期预报和临震预报，由省、自治区、直辖市人民政府发布。新闻媒体刊登或者播发地震预报消息，必须依照本条例的规定，以国务院或者省、自治区、直辖市人民政府发布的地震预报为准。

第十五条规定，已经发布地震短期预报的地区，如果发现明显临震异常，在紧急情况下，当地市、县人民政府可以发布48小时之内的临震预报，并同时向省、自治区、直辖市人民政府及其负责管理地震工作的机构和国务院地震工作主管部门报告。

第十六条规定，地震短期预报和临震预报在发布预报的时域、地域内有效。预报期内未发生地震的，原发布机关应当做出撤销或者延期的决定，向社会公布，并妥善处理善后事宜。

根据条例规定，一个完整的发布地震预报过程，需要包括四个程序：地震预测意见的提出、地震预报意见的形成、地震预报意见的评审和地震预报的发布。

1. 地震预测意见的提出

地震预测并不是随意推想，它是有真凭实据、可靠资料的科学行为。地震预测是科学家通过科学分析获得的数据，而不是毫无根据的主观推测。任何人都可以按照自己的想法预测地震，但这个结果必须上报到县级以上政府的工作部门或与地震研究相关的机构，不能随意向社会散布自己的推测。

▲ 地震预报

2. 地震预报意见的形成

地震的预报意见，只能由县级以上政府的工作部门或与地震研究相关的机构，召开地震震情会商会，对各种地震预测意见和与地震有关的异常现象进行综合分析研究后才能形成。

3. 地震预报意见的评审制度

地震预报的发布不仅要考虑预测的科学性与准确

性，还要考虑发布的预报对社会、经济产生的影响。地震预报属于政府行为，各级相关工作部门或相关机构，需要在向政府报告地震预报意见的同时，提出切实可行的防震减灾工作的部署与建议。所以，相关部门必须建立地震预报的评审制度，且评审工作需要由国家和省级地震工作部门组织。不过，遇到紧急情况，地震预报意见可以跳过评审，直接报本级人民政府，并报国务院地震工作主管部门。

4. 国家对地震预报实行统一发布制度

全国性的地震长期预报和地震中期预报由国务院发布，省级人民政府有权发布地震短期预报与临震预报。不过我国特别授予市、县人民政府向群众发布 48 小时之内的临震预报的权限，而这个权限只能授予那些已经发布过地震短期预报的地区。

人们可以通过电视广播、声音广播、手机短信平台、互联网、专用终端和其他途径获取地震预报。但是，大家一定要注意，第三方通过上述方式转发地震预报时，一定要采取符合国家相关标准的数据格式、数据接口，且不能随意删改地震预警源信息数据，否则就触犯了我国相关法律，需要接受法律的处罚。

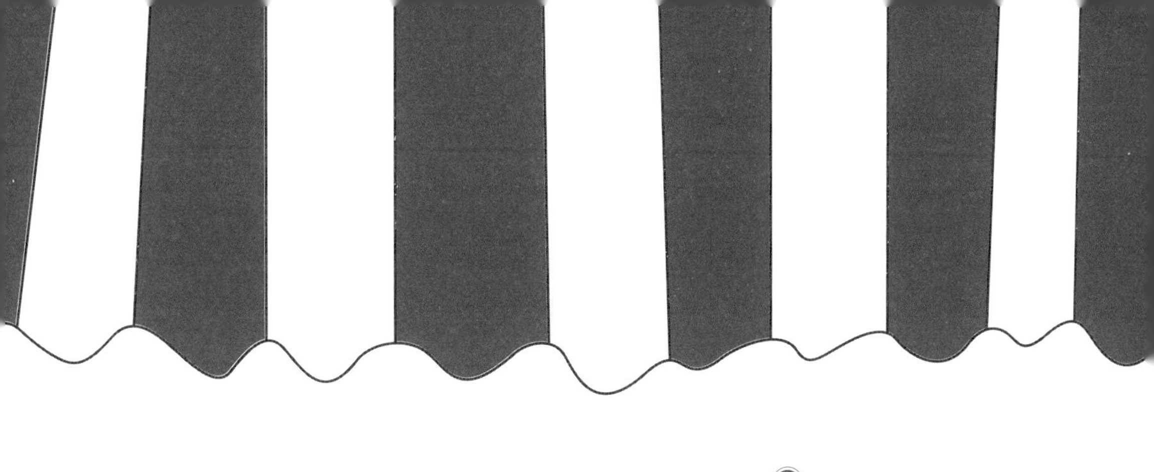

第三章
地震灾害防御

第一节 地震工程性防御

地震工程性防御措施主要是加强各种工程的抗震能力，尤其是提高建筑物的抗震能力，这样有可能减少地震给人民群众生命与财产造成的损害。

人们对世界上曾经造成大量人员伤亡的130次巨大地震灾害进行统计，发现其中有超过95%的伤亡，都是建筑物坍塌造成的。所以，为了应对可能出现的地震灾害，当地需要尽量将建筑物盖结实。

《中华人民共和国防震减灾法》第三十九条规定，已经建成的下列建设工程，未采取抗震设防措施或者抗震设防措施未达到抗震设防要求的，应当按照国家有关规定进行抗震性能鉴定，并采取必要的抗震加固措施：

（一）重大建设工程；

（二）可能发生严重次生灾害的建设工程；

（三）具有重大历史、科学、艺术价值或者重要纪念意义的建设工程；

（四）学校、医院等人员密集场所的建设工程；

（五）地震重点监视防御区的建设工程。

在加强地震工程性防御时，我们要先了解地震造成建筑物破坏的主要原因。第一，该建筑物没有按照抗震标准要求进行抗震设防；第二，该建筑物建在了活动断层之上；第三，该建筑物位于软地基上；第四，该建筑物结构设计不合理；第五，该建筑物的施工质量差，不符合标准与要求；第六，该建筑物的建筑材料质量不过关。

从上述原因中，我们不难发现，活动断层及其附近地区是不适合建造建筑物的。除了活动断层，富含水分的松砂层、松软的人工填土层和软弱的淤泥层都不适合建造房屋。一些古河道、河滩地、旧池塘，容易产生沉陷、开裂、滑移的河坎、陡坡地区，以及高耸的山包、细长突出的山嘴、三面临水田的台地等，也不适合建造房屋。

那么，应当如何增强建筑物的抗震性能，提高地震工程性防御能力呢？

1. 慎重选择建造建筑物的场地

建造房屋时，需要在平坦、开阔，土层均匀，基岩稳定的地方建造建筑物。一定要避开地震断层、陡坡、河岸、软弱土层、易液化土层等处，以免加重受灾。

2. 认真贯彻建房标准

建房时，建筑公司、施工队伍等相关机构或人员，必须以法律为保障，认真贯彻建房标准。不得私自放松建房标准，否则需要承担相应的法律责任。

3. 严格执行建（构）筑物抗震设防要求

抗震设防目标的第一水准是小震不坏，意思是当该建筑物遭受小地震时，建筑物基本不会损坏，无须修理就能继续使用。抗震设防目标的第二水准是中震可修，意思是遭受中震时，建筑物在进行一般修理后仍可继续使用。抗震设防目标的第三水准是大

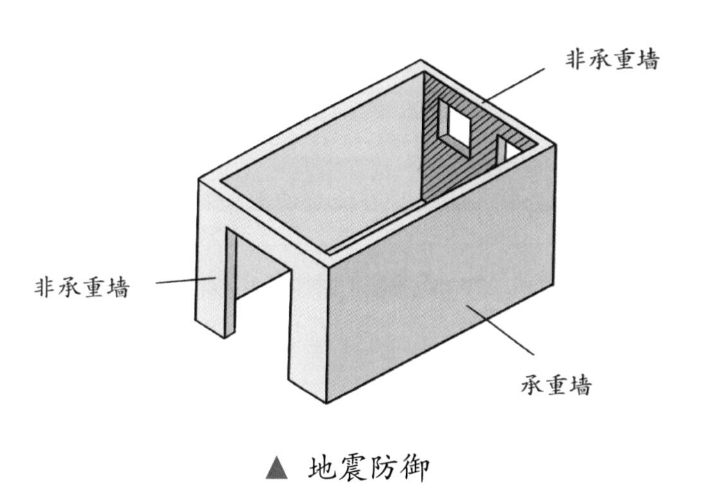

▲ 地震防御

震不倒，意思是当建筑物遭受大地震时，能保证建筑物不坍塌，这就能极大减少人员伤亡。

4. 强化抗震概念设计

抗震设计需要秉承“防止建筑体型的严重不规则”的原则，尽量不要出现平面、竖向刚度的突变，这样才能减少地震发生时的扭转。在设计建筑物时，要防止建筑物底部薄弱，导致上刚下柔等情况的发生。

5. 注重建筑物规则性

房屋开间不宜过大，多层砖房屋的高宽比不宜过大，应多设置横墙承重；房屋外形需规则，尽量不要做容易损坏的附属构件；墙体开洞要合理，不要开过大的洞，否则整栋楼都有风险。

6. 合理选择建筑结构体系

应根据建筑方案，如建筑高度、层数、平面布置、空间要求等设计，选择抗震设防因素合理的结构，并优先选择整体性较好的剪力墙、现浇钢筋混凝土框架结构。

第二节 地震非工程性防御

地震非工程性防御措施，主要是针对社会组织与个人。人们要加强地震防御的宣传、组织与管理工作，开展防震减灾知识宣传教育，积累抗震救灾物资与经验等。

《中华人民共和国防震减灾法》第四十四条规定：县级人民政府及其有关部门和乡、镇人民政府、城市街道办事处等基层组织，应当组织开展地震应急知识的宣传普及活动和必要的地震应急救援演练，提高公民在地震灾害中自救互救的能力。机关、团体、企业、事业等单位，应当按照所在地人民政府的要求，结合各自实际情况，加强对本单位人员的地震应急知识宣传教育，开展地震应急救援演练。学校应当进行地震应急知识教育，组织开展必要的地震应急救援演练，培养学生的安全意识和自救互救能力。新闻媒体应当开展地震灾害预防和应急、自救互救知识的公益宣传。国务院地震工作主管部门和县级以上地方人民政府负责管理地震工作的部门或者机构，应当指导、协助、督促有关单位做好防震减灾知识的宣传教育和地震应急救援演练等工作。

也就是说，非工程性防御既要依靠社会公众的参与，也要各级人民政府在非工程性防御中起到积极引导、促进和保障的作用。

各级人民政府需要尽到责任，组织相关部门积极开展防震减灾知识的宣传教育，增强公民的防震减灾意识，提高公民在地震灾害中自救、互救的能力；加强对有关专业人员的培训，提高抢险救灾能力。

▲ 防震宣传

防震减灾知识主要包括地震监测预报、地震灾害预防、地震应急和震后救灾与重建。这些知识都具备科学性，也能对群众的行为起到指导作用。

开展防震减灾知识的宣传教育，是为了增强公民的防震减灾意识，进而提高公民在地震灾害中自救和互救的能力，以达到减轻地震灾害的目的。

实践表明，具有防震减灾知识和防震减灾意识的公民，行为选择往往具有理智性和科学性，能获得保护自我和他人的正效果；而无防震减灾知识和防震减灾意识的公民，行为选择往往具有盲目性，地震时常常因惊慌失措，导致不应有的生命和财产损失的负效果。

自救和互救是地震灾害发生后，灾区基本救助形式之一，很多震灾实践表明，震后被埋压人员的抢救绝大多数是依靠灾区人民的自救和互救。

我们都知道，灾民被埋压的时间越长，其获救的存活概率就越低。根据往年实例看，只有灾区的人员能够最及时、最迅速地投入救灾活动。因此，提高公民在地震灾害中自救、互救的能力，对应急救助十分重要，尤其是对挽救生命损失至关重要。

除了积极开展防震减灾宣传教育，各地方政府及相关机构也需在财政预算与物资储备中适当安排抗震救灾的物资与资金。根据《中华人民共和国防震减灾法》第四条，县级以上人民政府应当加强对防震减灾工作的领导，将防震减灾工作纳入本级国民经济和社会发展规划，所需经费列入财政预算。

正如中国地震局第二监测中心党委书记潘怀文所说:“防震减灾的意识需要长期树立，建（构）筑物抗震能力的提高也是一个长期的过程，不能松懈。同时作为一个普通的市民，我们自己防灾意识也要注意培养。比如地震发生之后怎么办；还有我们经常要面临的消防问题，一旦发生火情应该怎么撤退，一些必要的避灾知识的积累是很重要的。加强公众防灾意识的形成和培养，这就是我们所说的关于地震防范的非工程性措施。建筑物、房屋、重特大设施按照什么样的要求来建设，这就是工程性措施。工程性和非工程性措施要两手一起抓，齐头并进，如此才有可能在未来地震来临时，有效地降低损失。”

抗震救灾不仅仅是政府、组织、机构的事，也是与我们每个人的生活、生命息息相关的事。强化地震非工程性防御，也是我国抗震减灾内容的重要组成部分。

第三节 地震应急演练要认真

应急预案，又被称作“应急救援预案”或“应急计划”。面对突如其来的地震，很多单位都制订了一系列地震应急预案，并定期安排人员进行地震应急演练。地震应急演练能最大限度地预防与减少地震时因突发事件造成的损害，也能最大限度保障群众的生命及财产安全。

地震应急演练，能有效提高人民群众应对地震时的紧急反应能力。人们只有掌握避震的正确方法，熟悉地震发生时的疏散、撤离程序，培养自救、互救的基本能力，才能让各项工作快速、有序地进行，才能减少不必要的伤害。所以，我们在进行地震应急演练时一定要认真，这样才能在地震来临之际有条不紊地避震。

地震应急演练要如何操作呢？我们需要针对不同的

对象，进行不同内容的培训。下面我们就来分别进行了解。

一、应急指挥和办事机构

应急指挥和办事机构的组织能力与领导能力，能对减轻地震灾害起到决定性作用。因此，需要对各级应急指挥和办事机构人员进行重点培训。在进行地震应急培训和演练时，应急指挥和办事机构人员也需要积极认真对待，为自己与群众的生命负责。

应急指挥和办事机构的培训内容：1. 熟悉与地震应急相关的法律法规，懂得指挥决策理论及方法，熟悉指挥技术系统构成和使用方法。2. 能够熟练使用地震应急演练的通信工具，能够完成信息收集传递，能熟悉使用指挥技术系统。

总之，应急指挥和办事机构要有计划、有内容、有重点、有组织地对各级指挥、办事人员进行培训，这样才能提高相关人员的组织指挥能力和快速反应能力。

二、应急救援队伍

若说起地震应急抢险救灾工作的基础力量，那自然是地震应急救援队伍了。虽然地震发生之后，武警、消防、医护等人员都冲在第一线，但直接关系着挽救生命、减轻地震灾害程度的人员，却主要是地震应急救援人员。

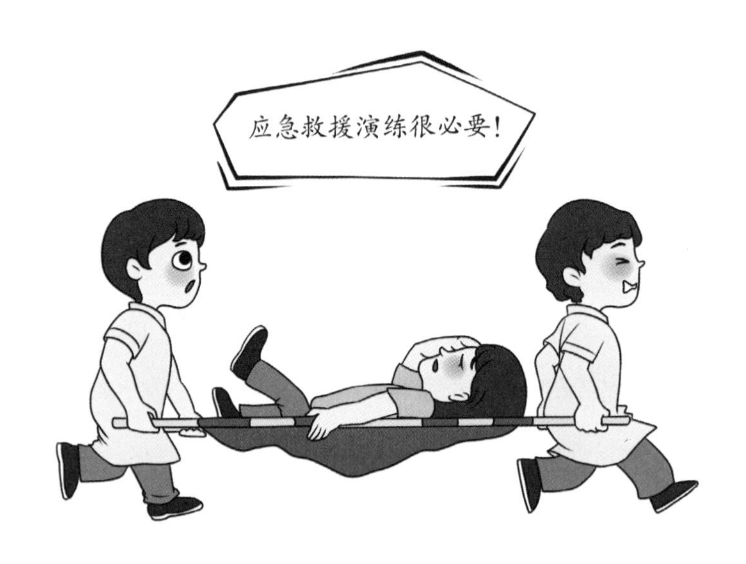

▲ 应急救援

地震应急救援队伍包括人员抢救队伍、现场地震工作队伍、专业抢险队伍等。其中，人员抢救队伍包括社区地震应急救援志愿者队伍、大型救援队及紧急救援队；专业抢险队伍则包括医疗防疫队伍、通信队伍、电力队伍、交通运输队伍、消防队伍、治安交通队伍等。

这些救援队伍通常附设在相关部门单位，其地震应急救援能力强，专业性也强。根据地震应急抢险救灾的具体任务，上述应急救援队伍可有计划地培训本队伍负责领域内的知识与技能，提高地震应急救援的能力。

三、社区

若想将灾难降到最低，除了依靠政府与专业应急救援队伍，人民群众也需要具备自救、互救的能力。因此，社区管理人员与工作人员应当积极培训与演练震前防震准备、震时避震、震后疏散、自救互救等相关知识与技能。

四、生产岗位

根据实际情况，需要重点进行地震应急演练的生产岗位可以分为如下三类：第一，从事生产、储存易燃、易爆、有毒物质的车间和仓库；第二，从事通信、燃气、电力、排水等生命线系统的岗位；第三，生产、保障医疗与食品的单位。

五、学校

地震应急演练需要从娃娃抓起，初步掌握应对地震发生的防护措施和方法，能增强学生的安全意识，也能提高师生应对突发事件的综合反应能力，以及在地震发生时的自救、互救能力。学生又是很好的防震减灾知识的传播者，学生能够将防震减灾知识传播给自己的家人、朋友，从而让他们对地震相关内容有一个初步的了解。

第四节 身边的地震应急避难场所

绝大部分城市的公园、广场、体育场等空旷场地上，都会竖立起“地震应急避难场所”的告示牌。这是我国为了应对突发的地震事件所设置的地震应急避难场所。这些地震应急避难场所能够快速、有序地疏散、安置居民，为居民提供应急避险空间。

根据《地震应急避难场所场址及配套设施（GB 21734—2008）》，地震应急避难场所，指的是为应对地震等突发事件，经规划、建设，具有应急避难生活服务设施，可供居民紧急疏散、临时生活的安全场所。

秉承“统一规划、平震结合、因地制宜、综合利用、就近疏散、安全与通达”的地震应急避难场所建设原则，非文物古迹保护区域的公园、广场、绿地、体育场或室内公共的场所、场馆等，都可以成为地震应急避难场所。

一、地震应急避难场所分类

Ⅰ类地震应急避难场所：具备综合设施配置，可安置受助人员 30 天以上。

▲ 应急避难场所指示牌

Ⅱ类地震应急避难场所：具备一般设施配置，可安置受助人员 10 天至 30 天。

Ⅲ类地震应急避难场所：具备基本设施配置，可安置受助人员 10 天以内。

在选择地震应急避难场所时，场所面积宜大于 2000 平方米，人均居住面积应大于 1.5 平方米。且地震应急避难场所需要避开地震断裂带，洪涝、山体滑坡、泥石流等自然灾害易发生的地段，以免受到震后的二次伤害。

二、地震应急避难场所的配置设施

为了适应地震发生时的避难需要，地震应急避难场所需要配备如下三类设施。

1. 基本设施

基本设施，顾名思义，就是为了保障避难人员基本生活需求而设置的配套设施。基本设施配置包括救灾帐篷、简易屋棚、移动房屋、应急供水设施、应急供电设施、应急厕所、应急排污设施、应急通道、应急标识、应急垃圾储运设施、医疗救护与卫生防疫设施等。

2. 一般设施

一般设施，指的是在基本设施的基础上，为了改善避难人员生活条件而进一步增设的配套设施。根据地震应急避难场所所容纳的人数，可以增设应急消防设施、应急指挥管理设施、应急物资储备设施。必要时，可利用地震应急避难场所周围的饭店、商店、药店、仓库、超市等进行应急物资的储备工作。地震应急避难场所的指挥管理设施包含可覆盖全地震应急避难场所的图像监控、有线通信、无线通信和广播系统等。

3. 综合设施

综合设施，指的是为了提高避难人员的生活质量，在已经具备的基本设施和一般设施的基础上，更进一步增设的配套设施。主要包括应急停车场、应急停机坪、应急通风设施、应急洗浴设施、功能介绍设施等。

地震应急避难场所产权单位、管理单位或所有权人，应该指定专人负责地震应急避难场所的日常维护与保养工作，并定期开展应急物资的检查工作，及时消除隐患。

第五节 地震应急包

地震应急包是应急包的一种，顾名思义，就是用来应对地震的一种组合工具与应急物资的集合体。地震应急包的使用概率并不高，它可能永远都派不上用场。可是，只要用上一次，这个应急包就有可能挽救自己或他人的生命。

地震应急包可分为普通地震应急包和救援用地震应急包。普通地震应急包泛指人民群众用来应对地震的应急包，救援用地震应急包则是地震救援人员专用的应急包。

一、普通地震应急包

普通地震应急包可以在地震发生后，为人们提供自救、呼救、照明、个体防护、急救和生活等用品，为普通群众争取等待救援的时间，并保障受灾后的基本生活。

普通地震应急包的面料应采用防水面料，上有荧光条。应急包颜色需要鲜艳显眼，最好为橙红色，这样更容易被发现。普通地震应急包一定不要采用迷彩伪装色，以免难以被发现。普通地震应急包需采用受力均匀的双肩设计，这样能解放使用者的双手，让使用者方便行动。应急包的两侧需要有网状口袋，可以携带食品及饮用水。

普通地震应急包需要包含的应急产品：

1. 3000 赫兹的防灾应急高频哨；2. 10 米反光逃生绳；3. 可燃烧 4 小时的特制蜡烛；4. 防风防水双头火柴；5. 便携型多功能应急手电；6. 防尘口罩；7. 防滑手套；8. 防灾应急雨衣；9. 专用压缩毛巾和手套；10. 保温应急毯；11. 保温帐篷；12. 超薄保温睡袋；13. 15 升折叠水桶；14. 多功能工具斧头；15. 多功能钳；16. 多功能折叠铲（中号）；17. 急救包（里面装有各型号创可贴、纱布、绷带、棉签、棉球、镊子、剪刀、医用胶带、酒精消毒片）；18. 饮用水；19. 压缩饼干。

二、救援用地震应急包

救援用地震应急包包括自我防护用品以及专用的抢

险救援装备。因为地震救援人员与普通人不同，普通人要在震后及时撤离建筑，离开现场；而地震救援人员却要在地震发生后进入受灾现场执行救援任务。

▲ 应急包

救援用地震应急包需要包含的应急产品：

1. 非常用持出袋 1 个；2. 多功能应急手电；3. 防灾头巾；4. 3000 赫兹防灾高频求救哨；5. 10 米高强丙纶反光专业救援绳 1 根；6. 多功能工具斧头；7. 多功能钳；8. 多功能折叠铲（中号）；9. 急救包（里面装有各型号创可贴、纱布、绷带、棉签、棉球、镊子、剪刀、医用胶带、酒精消毒片、各类应急药品）；10. 饮用水；11. 压缩饼干。

为了应急，家庭在储备物资时，建议储存三日份水量，水量标准为每人每天 4 升。如果家中有老人、儿童、病患，还应适当增加储备水量。在储存食品时，尽量储备三日份听装食品或脱水食品；尽量选择无盐的食品，以免口渴。家中有老人、儿童、病患的，还需准备相应的特殊用品，如奶粉、备用眼镜、助听器电池、药品等。

除了应急物资，还需要准备一张联络卡，上面要填好个人信息。当受灾人丧失交流能力时，救援人员可根据联络卡确定受灾人信息，并联系受灾人亲友。

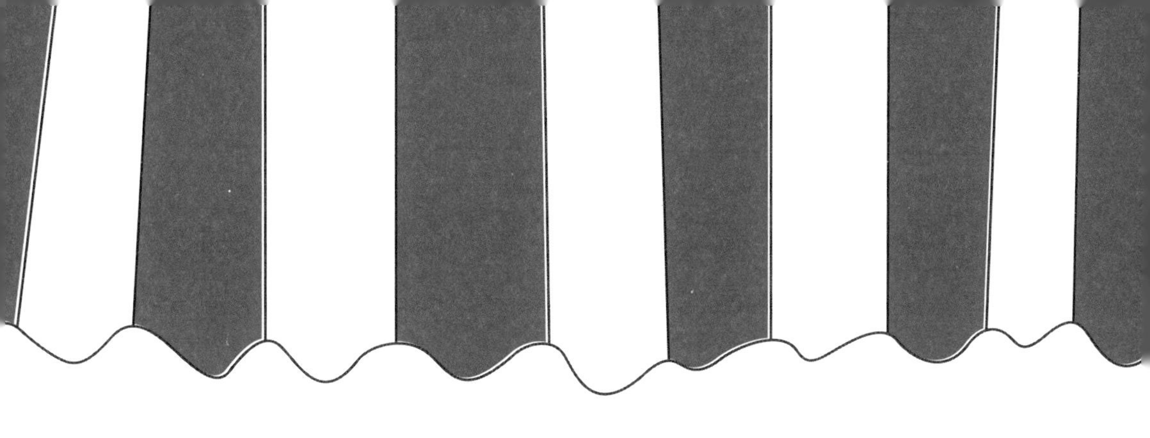

第四章
避震常识

第一节 室内与室外避震

地震发生时，人们无非是处在室内和室外两种场合。处在室内的人们，需要按照室内避震方式正确避震；而处在室外的人们，则需要按照室外避震方式正确避震，这样才有可能规避地震带来的伤害。

一、室内避震

相信大部分人都听说过这样的避震方法，那就是“地震来了不要慌，躲在桌子下面就行了”。可事实上，这种方法已经至少落后了 50 年。随着城市建筑质量和家具质量的提高，桌子已经不是最好的避难所了。

中国地震局原震灾应急救援司司长徐德诗曾说：“20 世纪 60 年代邢台大地震中，救援队发现躲在桌子下的人活下来的概率较高，后来这种‘躲在桌子下’的自救方法就在国内流传开。其实现在分析，当时的邢台建筑多半是茅草屋或砖房，桌子是屋内相对结实的自救地点。现在，随着建筑物的升级换代，屋内的家具也越来越高档，最科学、最安全的自救地点应该是屋内的立柱附近和内承重墙附近。屋内最结实的家具附近也较为安全。”

那么，室内应急防震行动应当如何展开呢?

室内避震的原则是，大地震时，位于楼房一层、二层或平房，且行动力正常的人可迅速撤离建筑物；位于三层以上或行动不便的人，则应快速躲到相对安全的地方。

地震发生后，室内人员需就近关闭电闸、煤气，并迅速熄灭炉火。室内人员可躲避在跨度较小的房间，如卫生间、厨房或有三角形支撑的空间。最好是躲避在卫生间，因为卫生间易燃易爆物品较少，且有水源。

在室内避震时，需要注意保护头部，以免被异物砸伤。最好用口罩捂住口鼻，远离窗户、镜子等容易被扎伤的地方，不要到阳台上，不要乘坐电梯，也不要跟随拥挤的人流跑，防止踩踏事件的发生。尤其是有感地震，人们会因为恐惧而争相撤离，这时更要保持冷静。

二、室外避震

地震发生时，有一部分人员处在室外。如果是中小型地震，室外人员的感受可能没有室内人员那样强烈，也会因此造成地震级数的误判。所以，当我们明显感受到地震发生时，最好先找件合适的东西罩在头上，同时双手交叉放在头上，跑到空旷地带避险。

在躲避过程中，室外人员需要注意避开高大的建筑物，尤其是那些带有玻璃墙的高大建筑物。此外，广告牌、路灯、砖瓦堆、烟囱、水塔、大吊车、立交桥、天桥、危险品仓库、狭窄街道、危旧房屋等，也是室外人员重点需要避开的地方。

▲ 室外躲避

地震来临时，正在郊外的人员需要迅速离开山边、水边等危险地区，以免被地震引发的滑坡、泥石流、地裂、水灾等突发事件伤害。地震来临之际，正在骑车的人应当下车步行，开车的人须立刻路边停车，所有人员应靠边行走，尽快找到空旷、安全的避险点。

第二节 学校避震

学校属于人员密集型场所，因此，地震发生时学校也是受灾非常严重的。为了保障校内师生及工作人员的安全，学校应从防震、避震这两个方面开展防震减灾工作。

大量地震实例表明，学校是各类场所中受灾较为严重的地方。因此，学校需要从防震准备、正确避震两方面进行防震减灾工作。

一、防震准备

第一，学校要注意桌椅摆放位置。桌椅要尽量远离窗户与外墙；桌椅之间要留出一定通道，方便紧急撤离。对于身体有残疾或身体较弱的同学，学校要将其安排在方便避震或方便撤离的地方。桌椅、讲台等便于藏身避震的用具一定要采选加固款；教室悬挂物要加固；门窗玻璃都要贴好防震胶带，以免出现玻璃震碎伤人的情况。

第二，学校要带领学生熟悉校内及学校周边环境。比如，各个楼层的灭火器放在哪里，水源在哪里，食堂、化学实验室的危险品仓库在哪里，校医务室在哪里，学校附近的医院在哪里，教室周围的危险地点（如加油站、化工厂等）在哪里，教室外有无高大建筑物或危险物品，等等。

第三，学校要做好防震减灾宣传工作。学校要经常举办防震减灾知识讲座，组织师生观看防震减灾录像或请消防员、地震救援队伍来学校为师生讲解避震方式。老师要带领学生进行避震练习，如“一分钟紧急避险”“紧急撤离教室”“自救互救练习”等。

二、正确避震的方法

地震来临时，师生的冷静应对与果断行动非常重要。学校避震需要注意如下四点。

第一，地震预警时间短暂，且学校楼层较高，室内避震更具有现实性。房屋倒塌后，室内会形成一个三角形空间，这个三角形空间往往是人们得以幸存的关键地点。所以，这块三角空间又被称作“避震空间”。对学校来说，容易形成避震空间的地方主要有内墙墙根、厕所、储藏室、楼梯间等开间较小的地方。

第二，对于教室在一楼的，教师需要珍惜12秒的自救机会，瞬间选择是在室内避险还是带领学生逃往室外。前面提到，地震发生时，纵波会比横波更快到达地面，这等于给人们发送了一个信号：在横波来临前，躲避到安全地点。

▲ 学校避震

第三，位于高楼层的教室，需要在教师的指挥下，躲避到讲台旁、课桌下或内墙墙角，双手抱头、闭眼。躲避时，人员不要过于集中，最好预留出一条通道，方便迅速转移到安全地带。位于高楼层的同学一定不要拥挤下楼，也不要站在阳台、窗边，更不要跳楼，以免发生不必要的伤亡。

第四，在室外的学生，要双手抱头原地蹲下，同时注意躲避高大的建筑物，并远离危险物，不要在狭窄的通道中停留。

第三节　高楼里避震

随着我国城市面积的进一步扩充，都市高楼避震也成了防震减灾中的重要部分。高楼避震主要遵循三角空间求生有望，伺机而避沉着处置，小开间内渡过难关，异常屡现催人预防，积极自救扩大空间的原则进行避震。

相比农村地区，城市地区在地震来临时遭受的灾难会更加严重。因此，在以高楼为主要建筑物的城市中，居民更要掌握一些有用的避震方法。

一、地震时保持冷静，震后走到户外

“地震时保持冷静，震后走到户外”是国际通用的避震准则。地震总是发生在瞬间，无数地震实例表明，人们在进入或离开建筑物的时候，被砸死或砸伤的概率最大。所以，地震时，高楼内的人员尽量选择室内避震。当然，如果高楼属于危楼，抗震能力较差，那么居

住在一、二层的居民，最好尽快从室内跑出去，不要贪恋财物。

▲ 高层不要轻易跳楼

按照国家相关标准，一些城市（如北京）的住宅抗震设防烈度为8度。所以，在地震发生时，处于高楼高层的居民不要慌张，尽量保持冷静，以便相机行事。需要牢记的是，高层室内居民不可滞留在床上，也不要跑到室外或阳台，更不可乘坐电梯或跳楼。另外，要立刻将室内的电与火断掉，防止出现烫伤或触电情况。

二、避震位置至关重要

▲ 高楼里避震

在高层避震，需要根据建筑物的室内布局来选择具体避震方式。最好能找到一个可形成三角空间的地方进行躲避。通常情况下，蹲在暖气管道旁边会比较安全。因为暖气管道的承载力比较大，且属于金属管道，不易被撕裂，即便在地震的大幅度摇晃中，人也不会轻易被甩出去。而且，暖气管道的通气性比较好，不容易让人产生窒息。此外，暖气内的存水可以延长被困人员的存活期。而且，更重要的是被困人员可以采用“碎石头敲击暖气管道”的方式，向外界传递消息，从而更快速地获救。

特别需要注意的是，如果高层室内人员选择躲避在厨房、卫生间这样的小开间，那么一定要远离煤气管道、餐具柜等，以免发生割伤、扎伤等危险。如果隔断墙是薄板墙，则一定不要选择这面墙做最佳避震场所。而且，一定不要钻进柜子、箱子里，以免丧失机动性，反而不利于获救。

三、近水不近火，靠外不靠内

靠近水源处，意味着能延长生存时间；不靠近煤气灶、煤气管道和家用电器，以免发生火灾、触电等意外；靠近无窗户的外墙，可以避免被埋压，更容易获救。

第四节 公共场所避震

如果发生地震，在公共场所的人们要听从现场工作人员的指挥，要避开人潮，不要慌乱，更不要一窝蜂地拥向出口。听从现场工作人员或警察的指挥，能避免发生踩踏事件，也能避免挤到墙壁、栅栏处，更能快速撤离现场。

在家庭、学校等人员关系简单的场所发生地震时，我们可以较为冷静地进行避震行为；如果在人员聚集的公共场所遇到地震，则容易慌乱。可是，在公共场所遇到地震，最忌讳的便是出现混乱场面。一旦秩序混乱，就有可能发生相互挤压、踩踏，从而导致人员伤亡。

在公共场所遇到地震时，人们应当有组织、有次序地从紧急出口撤离疏散，或尽快躲避在正确的地点，这样才能降低地震给我们带来的伤害。下面，我们就来看看，在各类公共场所遇到地震时，应当如何避震。

一、在博物馆、展览馆等公共场所遇到地震

地震发生时，如果我们正在博物馆、展览馆等地，那么，首要的事就是保持沉着冷静，特别是博物馆、展览馆等处于场内断电的时候，不要乱喊乱叫，更不要推搡拥挤。如果现场有工作人员或警察进行疏散，则一定要听从安排，有秩序地撤离现场；如果现场没有指挥人员，那么应该就地蹲下，用皮包、坐垫、书籍或双手保护头部，同时注意躲避吊扇、吊灯等悬挂物，等地震平息后再有序撤离。

二、在商场、书店、展销会场等公共场所遇到地震

地震发生时，如果我们正在商场、书店、展销会场等公共场所，那么，应当选择一个结实的柜台、柱子边或者跑到内角处就地蹲下，用皮包、坐垫、书籍或双手保护头部，注意避开玻璃门、玻璃橱窗等容易造成扎伤、划伤的地点，等地震平息后，再有秩序地撤离现场。

三、在学校、办公楼等公共场所遇到地震

地震发生时，在学校的学生、家长、教师和工作人员，需要在指挥人员的指挥下迅速抱头、躲避在课桌底

下，不可擅自行动，更不要乱跑或跳楼，等地震平息后，再有秩序地撤离现场。地震发生时，在办公楼里上班的职员和相关人员，需要就地躲避在办公桌下，同时切断电源，切勿拥挤外跑，也不要靠近外窗，更不要跳楼或乘坐电梯，以免发生意外。等地震平息后，再有秩序地撤离现场。

四、在电影院、体育场、运动场、赛场等公共场所遇到地震

地震发生时，在电影院、体育场、运动场、赛场等公共场所的相关人员，需要按照指挥人员的指挥，有秩序地向场外撤离，或就近躲避在排椅下，等地震平息后，再有秩序地撤离现场。如果是正在进行比赛的体育场、运动场、赛场等，应立刻停止比赛，同时稳定观众情绪；在赛场中央的相关人员应立刻就地蹲下，并护住头部；观众席上的相关人员

▲ 电影院里避震

应立刻躲避在排椅下或排椅附近，并用皮包、坐垫、书籍或双手保护头部，等地震平息后，再有秩序地撤离现场。

五、在公交车、大巴车等正在行驶的车内遇到地震

地震发生时，如果人们处于正在行驶的公交车、大巴车内，站立的人员一定要抓牢扶手，以免摔倒碰伤；坐在座位上的人员，要迅速蹲在座位附近，用手牢牢抓住座椅或扶手固定自身；驾驶员则应迅速将车驶到安全地带，同时拉下手刹安全制动，降低重心。全体人员等地震平息后，再有秩序地下车撤离。

第五节 地震来临时的自救互救要领

地震来临时，人们首先要懂得自救要领，在保护好自己的基础上，再用互救方法对他人予以救助。懂得自救与互救方法，才能在地震发生的时候，降低地震带来的损伤。

地震来临时，大部分人都处于一种慌张的状态。在这种状态下，人们很难做出正确的判断。所以，地震前的预防工作一定要做好，这样才能在地震来临时临危不惧，做出正确的避震行为。地震过后，往往会出现很多余震，周围环境可能会进一步恶化。为了避免自己遭受新的伤害，最基本的方法就是尽量改善自己所处的环境。此时，地震应急包就会起到很大作用。那么，地震来临时，我们的自救互救要领有哪些呢？下面我们就来分别看一下。

一、地震来临时的自救要领

要领一：保持呼吸畅通，衬衣最上方的扣子最好解开，以免呼吸不畅，增加恐慌。被埋压时，要挪开头部、胸部的杂物。

要领二：闻到煤气、毒气或严重异味时，要用湿衣物捂住口鼻。

要领三：设法脱离险境。如果没有脱险通道，则尽量保存体力，并用石块等硬物敲击发出声响，向外发送求救信号。切忌哭喊、乱动、盲目行动，这些行为不但会消耗大量体力和精力，还容易发生危险。

要领四：尽量寻找饮用水和食品，尤其是饮用水。必要时，尿液也能充当饮品，起到解渴作用。

要领五：如果受伤，一定要想办法包扎，以免流血过多。

要领六：如果已经挤入人流，那么要防止摔倒。同时，要将双手交叉放至胸前，对自己形成保护。一定要随人流而动，不要被挤到墙壁或栅栏处。

二、地震来临时的互救要领

要领一：受灾群众在脱离危险后，应积极投入到受灾现场参与救援。灾区群众的互救，是减轻人员伤亡最直接有效的办法。根据相关资料显示，震后 20 分钟内，人员获救的概率可高达 98%；震后 1 小时内，人员获救的概率便下降到 63%；震后 2 小时内，人员获救的概率则只有 58%。其中大部分人不是被垮塌的建筑物砸死，而是窒息死亡。唐山大地震中，群众就是互救及时，才使得大量人员重新获得生命。所以，地震来临时，群众的互救时间要快、目标要准确、方法要恰当。

要领二：在进行互救行动之前，一定要听从指挥，有计划、有步骤地进行救援。要考虑哪里该挖，哪里不该挖，哪里该用锄头，哪里该用棍棒，这样才不会伤害到受灾人员。

要领三：将受灾人员挖掘出来后，需要先清除其口鼻内的尘土，令其呼吸畅通。对埋压时间较长，且受伤、饥渴、窒息严重的人员，则需为其蒙上眼睛，以免强光刺激，随即将其送至医疗点抢救治疗。

要领四：对于暂时无力救出的受灾人员，要先为他们通风，同时递送饮用水和食品，等待营救时机。

地震虽然很可怕，但只要我们多了解一些关于地震来临时的自救互救常识，就有可能降低地震给我们带来的伤害。

第六节　受伤、被埋压、被挤压时怎么办

在地震来临时，专业救援人员有可能不会在第一时间赶到每位伤员身边。在这种情况下，我们一定要掌握受伤、被埋压、被挤压时的急救知识，同时采取正确的方法进行自救互救，这样才能减少地震带来的人员伤亡。

1999 年 9 月 11 日，红十字会与红新月会国际联合会把每年 9 月的第二个星期六定为“世界急救日”。这个国际援救组织希望通过“世界急救日”来呼吁各国重视急救知识的普及，以此提升自救互救能力，挽救更多生命和降低伤害程度。

作为一种突发性灾害事件，地震有着极强的破坏力。它不但会大面积摧毁建筑物，也会给人类带来致命性伤害。

下面，我们就来一起看看，在地震中遇到受伤、被

埋压、被挤压等情况时该怎么办。

一、受伤

在地震中，身体出现扎伤、划伤、擦伤等情况是非常常见的。有谣言称，“用泥土糊住伤口可消炎止血”，事实上，此举万万不可。泥土中含有破伤风梭菌，如果让泥土与伤口接触，轻者可能让患者患上破伤风，重者还会致命。

▲ 受伤

受伤时，正确的救护方法应该是用生理盐水或清水清洗伤口，同时用纱布或干净的布条对伤口进行包扎，并保持按压伤口 5~15 分钟。如果出血情况停止，则不必包扎，只用碘伏对伤口消毒即可。如果血止不住，就要用止血带或绳子捆绑止血，且每隔一小时就放松捆绑带 2~3 分钟，以免肢体长时间捆绑出现缺血性坏死现象。在获救后，应尽快前往医院进行救治。

对于地震中的砸伤，人们普遍会出现两种情况，一种是青肿，另一种是骨折。对于骨折伤，应首先确保骨折的体位，不要轻易挪动。如果附近有石膏、树枝、夹板等物，可以先用这些材料进行固定，在获救后则尽快前往医院进行救治。如果是脊柱受伤，千万不能轻易挪动身体，应第一时间向救援人员说明情况，请救援人员用门板、木板等，将患者以水平状态救出废墟，并尽快送往医院。

二、被埋压

地震来临时，如果不幸被埋压，切勿惊慌大叫，一定要沉着冷静，尽量挪开脸前与胸前的杂物，清除口鼻附近灰尘，保持呼吸畅通。如果有条件，应用衣物或毛巾捂住口鼻，以免吸入大量灰尘引起窒息。如果空间可移动，可尽量搬开身边杂物，扩大生存空间，并使用砖石、木棍等支撑残垣断壁，防止余震来临后的进一步埋压。

在被埋压时不要使用明火，防止易燃气体爆炸。要尽量寻找水和食物，耐心等待救援。条件允许时，可尽量往有光亮的地方移动，提高被救概率。同时用石头敲击地面或金属管，与外面的救援人员取得联系。

▲ 被埋压

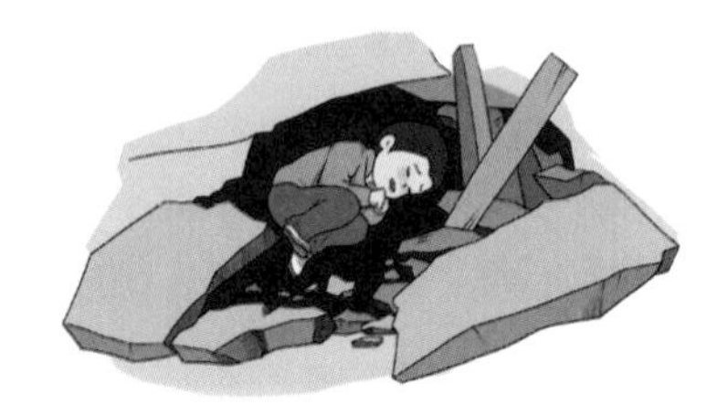

▲ 被挤压

三、被挤压

长时间被石块、墙壁等重物压迫，会让幸存者面临挤压综合征的困扰。这种挤压综合征会致命，也是地震伤害中最为隐秘的致命伤。如果受灾人没有被及时发现，就有可能引发心脏衰竭、肾衰竭等症，直至死亡。

被挤压时，人们需要保持体力，同时补充体液，以此改善微循环。被救出后，则应立刻补充体液稀释毒素。补充体液的方式可选择静脉通道、口服、鼻饲、皮下输液等。

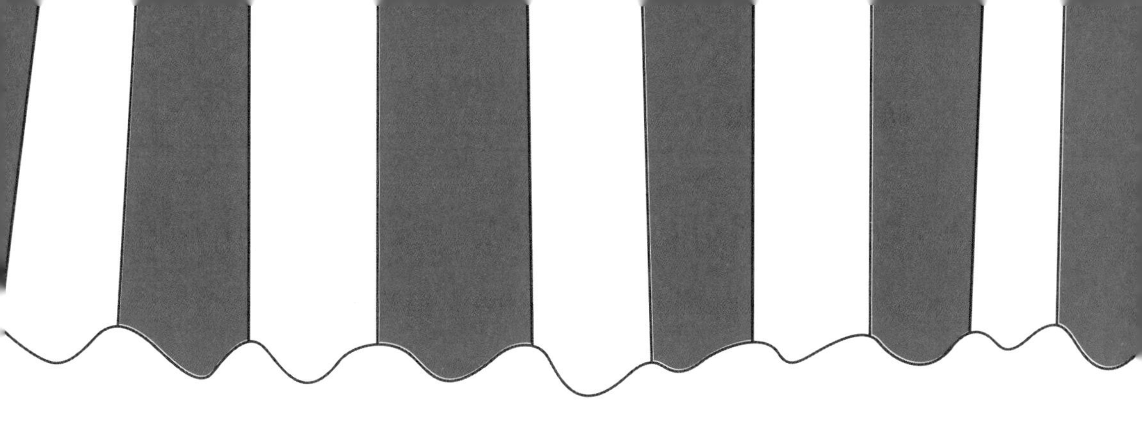

第五章
地震次生灾害预防与应对

第一节 震后火灾预防与应对

因地震引发的火灾，是地震最主要的次生灾害。不管是在城市还是农村，燃煤起火，燃油、燃气爆炸等都是地震火灾发生的主要原因。从过去的地震火灾发生情况看，基本都是由人们用电、用气不慎或对危险品保管不当引起的。

1906年，美国旧金山地震，震级为7.8级，美国西部大范围区域都有强烈的震感。这次地震对旧金山造成了巨大的破坏，大量的房屋建筑倒塌，交通瘫痪。地震还引发了火灾，因灾害死亡人数超过3000人。

火灾是地震最主要的次生灾害，各种化学危险品、加油站、液化气站、酒厂、炼油厂、面粉厂等，都容易因地震引发火灾。居民区中，煤气罐、天然气管道等出现泄漏后，也很容易因为炉火、电火等引发火灾。在等待救援时，一些居民使用的蜡烛、塑料布、油毡、凉席等，也有可能引发火灾。

停在路边、港口、跑道上的汽车、火车、船舶、飞机等交通工具，也有可能因为地震而产生碰撞，从而引起火灾。电弧、火花等会引发电流短路，从而引起过热和过载，继而形成火灾。

此外，地下可燃气体，如甲烷等，也会因为地震产生的裂缝而外泄；在遇到明火后，也会引发火灾。

地震火灾的起火原因众多，火势起来后面积又很大，扑灭火灾也比较困难。因此，地震火灾应尽量预防、避免，而不是等火灾出现后再施救。

预防工作主要有以下三个方面。

1. 提高建筑物的抗震性能

建筑物建设，尤其是城市建筑物建设，必须严格按照设防标准建造。无论是地基处理还是材料选择，无论是结构平面还是高度限制，都应该充分考虑地震与安全。城市居民区应合理分割绿化带，以便在危险时期缩小火灾受灾范围。

2. 加强用火、用气设备的检查

地震发生前，确定用火、用气设备本身是否固定，有无翻倒的可能，同时切断用火、用气设备。地震发生后，受灾人员不要使用明火，要排除用火、用气设备周围的可燃物，以免发生火灾，既危及自身生命也累及他人。

3. 对危险品设施进行安全管理，需要采取与危险品性质相适应的安全措施

对危险品进行检查时，应注意它是否会因为地震而泄漏，是否未放置在安全区域，是否对高架罐进行了加固、防倒措施，输油管中的缓冲装置性能是否良好。

地震发生后，如果已经产生火灾，需建立起统一的地震临时指挥体系。在统一指挥下，贯彻“先重点，后一般”“先救人，后救物”的原则，合理调配力量，同时发动行动力没问题的灾区群众，一起参加救援工作。

▲ 加固预防危险

一定要做好防震棚的防火工作，预留消防通道。棚内与火相关的用品，都应与外墙保持半米以上的距离；不要私用电器，更不要私拉电线，消除火灾隐患。

第二节　震后洪水预防与应对

地震洪水，属于地震次生灾害的一种，指的是由于地震使河、湖、水库内水位上涨，或水库大坝毁坏后，其内积蓄的水体最终冲开堵塞物而暴发的溃决现象。

洪水是地震次生灾害的一种，也是临水地区容易遭受的地震次生灾害。由于洪水流量大，且猝不及防，加上人们会因为不了解水情而涉险，导致震后洪水造成的伤亡人数众多。同地震火灾一样，震后洪水灾害也需要从预防、应对两个方面入手。

一、地震洪水的预防工作

地震后，如果预知洪水即将到来，且洪水不是很严重，则无须逃离，立刻用装满泥土、沙子和碎石的沙袋堵住房屋空隙，窗台最好也堆上沙袋。如果洪水比较严重，那么，最先采取的措施就是迅速登上牢固的高层建筑进行避险；随后，与救援部门取得联络，寻求救援。

洪水不是干净的饮用水，在洪水来临之前，仍需储备干净的饮用水。同时，要准备好应急药品及取暖物品，保存好可使用的通信设备，这样才不会在洪水来临之际与外界失去联系，也不会因为低温而发生意外。

水库堤坝在修建时一定要考虑水的腐蚀能力以及抗震能力，至少要保证中小地震不会将堤坝震裂，出现洪水反灌附近居民区的局面。

二、震后洪水的应对工作

震后洪水比较严重，当水情较为稳定后，尽量用床板、门板、箱子等制作木筏逃生，划桨也是必不可少的工具。如果有废弃轮胎，可以将内胎取出，做成简易救生圈，提高生存率。有条件的话，可以多收集食物与饮用水，同时寻找颜色鲜艳的衣物、床单等做旗帜，再用哨子、手电类工具向搜救人员发送信号。

洪水来临后，一定记得关掉天然气阀门。如果时间和条件允许，可在出逃前食用巧克力、糖等高热量食物增强体力。出逃时要关好房门，将轻便的贵重物品随身携带，果断放弃较重的物品。

如果洪水来势凶猛，且附近并无可供躲避的高楼、高地，那么要尽量抓住身边有浮力的物品，如木盆、木板、木头椅子等。如果本人在户外无法躲避，要尽量抓住树丛，必要时可爬到树上暂避。农村地区的居民切忌爬到土坯房屋顶，因为土坯房浸水后很容易坍塌。

▲ 震后洪水

当洪水尚未漫过头顶时，可用绳子或撕成条状的床单、被单，将一端系在房间内比较结实的地方，另一端握在手中，慢慢向附近高处转移。当洪水漫过头顶时，不要惊慌，一定要保持冷静，在可冒头的时候多吸气少呼气，同时用手试探能否抓住较为结实的东西，避免被水冲走。

第三节 震后泥石流的应对方法

地震引发的泥石流，属于地震次生灾害的一种。与山体滑坡一样，泥石流也会让原本饱受地震灾难的人们更受创伤。而且，泥石流会给地震受灾群众带来生命威胁，在山脚下或容易发生泥石流地区居住的居民，一定要学会正确应对震后泥石流。

常言道："屋漏偏逢连夜雨。"在不可预知的地震灾害发生后，一系列次生灾害也会随之而来。在众多次生灾害中，泥石流是令人闻之色变的一种，会对群众的生命财产安全造成直接的威胁，因此，人们必须学会震后泥石流的应对方法。

泥石流属于地震次生灾害中的典型灾害，通常发生在山区、沟谷之中。地震发生后，山上的水源会挟带大量泥沙、石块等混流于山下。泥石流的主要特征是突然暴发、流体浑浊、流量大、破坏力强等。泥石流会沿着陡峭的山沟奔腾咆哮而下，并很快将大量泥沙、石块冲到宽阔处堆积。地震地区受灾情况本就严重，若遇泥石流更是雪上加霜，让搜救工作变得无比困难。所以，在震后遭遇泥石流的时候，人们一定要沉着冷静，切勿慌张，采用正确的应对办法，以免发生意外。

泥石流自救方法一：充分观察周遭环境，仔细聆听奇怪的声响。

人们常说，应对泥石流的原则是“眼观六路，耳听八方”，这话说得不错。虽然震后泥石流属于突发灾害，但在泥石流来临之际还是有一些征兆的，比如远处山谷突然传来打雷一般的声响。如果在山区、沟谷发生地震，且又听到远处山谷传来声响，一定要保持高度警惕，这很可能是泥石流即将来临的征兆，需要尽快撤离。

泥石流自救方法二：往山坡上逃离，一定不要往下游走。

发现泥石流后，一定要往与泥石流呈垂直方向的山坡逃离，爬得越高越好。泥石流的速度非常快，千万不可掉头往下游跑。

泥石流自救方法三：地震发生后，不要在谷底或山脚下做过多停留。

由于谷底、山脚下较为宽阔，所以很多人选择将这里作为避震地点。可是，如果发生大雨或暴雨，谷底和山脚下就很容易遭受泥石流冲击。因此，在震后，尤其是下雨的震后，一定要迅速转移到相对安全的高地，不要在谷底或山脚下做过多停留。

平整的高地是理想的避震营地，尤其是能避开落石的高地，更有助于躲避泥石流、山体滑坡、落石等危险。

泥石流自救方法四：泥石流发生后，要警惕发生灾后疾病。

震后泥石流会悬浮粗大的固体碎屑，同时含有大量粉砂和泥浆。地震过后，灾区卫生条件较差。尤其是饮用水，更难以保障干净卫生。所以，发生震后泥石流灾害后，最容易发生的就是以痢疾、霍乱、伤寒、甲型肝炎等为主的肠

▲ 泥石流

道类传染病。

另外，震后泥石流也容易导致人畜共患疾病，或者出现自然疫源性疾病。比如以钩端螺旋体病、流行性出血热为主的鼠媒传染病，以血吸虫病为主的寄生虫病，以疟疾、流行性乙型脑炎、登革热为主的虫媒类传染病（由蚊子、虱子、跳蚤等传播的疾病），等等。

第四节 震后传染病预防与应对

地震发生后，人们应特别注意传染病的暴发。震后传染病主要是肠道类传染病、虫媒类传染病、鼠媒传染病，以及以破伤风为主的土壤传播的疾病。

中国有句老话，叫“大灾之后必有大疫”。地震发生后，抗震救援是第一要务，但预防震后的各类传染病，也是抗震减灾中不容忽视的重点环节。

土地震荡、山体破坏、水体破坏、蚊虫滋生、禽畜尸体、疾病传染……每个细节都有可能成为加重地震灾害的帮凶，从而增加受灾人员的伤亡。地震发生后，有7种疾病最容易在震区暴发。下面我们就一起来看看这7种传染病的预防与应对方法。

一、腹泻小心痢疾

灾后生活水平下降，受灾群众的身体抵抗力较差。如果地震发生在夏季，则更可能发生细菌性痢疾。痢疾主要通过被痢疾杆菌污染的食物、水、排泄物等传播，苍蝇是传播痢疾的媒介。痢疾的主要症状为发烧、腹痛、腹泻、脓血便等。

及时消灭苍蝇，定期、定时对灾区进行消毒，将痢疾病人隔离治疗，保障食品与饮用水干净卫生可以有效预防痢疾。

二、高热咳嗽小心鼠疫

地震过后，鼠类会大肆作乱。所以，避免接触鼠类及鼠类排泄物就显得非常重要了。在灾区，千万不要在鼠洞附近站、坐、卧、休息。如发现啮齿类动物（如沙鼠、黄鼠、旱獭等）不明原因地大量死亡，需立刻报告当地防疫机构。

鼠疫的症状为胸痛、咳嗽、咯血、意识模糊等。鼠疫通过呼吸道传播，震后人口居住密集，会让鼠疫的传播概率大大增加。所以，工作人员要隔离鼠疫患者，以免疫情扩大。

三、加强消毒抵抗乙脑

▲ 震后传染病

地震后，人们大多是露宿生活，若在炎热的夏季，蚊虫滋生，很容易患上乙脑疾病。流行性乙型脑炎（简称乙脑）是由嗜神经病毒引起的自然疫源性疾病，蚊子是传播乙脑的媒介。乙脑致死率较高，且有三分之一的幸存者后遗症会持续终生。

预防乙脑最好的办法是打疫苗。灾后，工作人员要注意加强防蚊虫设施，注意人畜隔离，定时在灾区群众的居住场所内喷洒滞留型高效低毒杀虫剂和驱避剂。

四、雨后警惕流感

震后通常会下雨，降雨会导致气候变化较快，也会使早晚温差加大。灾区人民抵抗力较弱，且身心俱疲，很容易发生流感、麻疹、风疹、流脑等呼吸道传染病。想要远离此类疾病，主要靠防寒保暖、佩戴口罩、保持充足睡眠等。隔离有此类疾病的患者，也是预防流感的重要措施。

五、破伤风元凶是泥土

地震发生后，绝大部分人都会出现一定程度的外伤，加上房屋倒塌后，泥土、铁锈、瓦砾满地，但凡皮肤出现伤口，且来不及处理，就有可能沾染泥土、铁锈、瓦砾中的破伤风梭菌，继而引起破伤风。

破伤风梭菌通过破损的皮肤和黏膜（如擦伤、扎伤、划伤、刺伤、烧伤、骨折等）侵入人体，并在缺氧环境下繁殖生长，引发全身感染。破伤风的死亡率为20%～40%，是震后疾病中致死率较高的疾病。

正确处理伤口是预防破伤风的关键。处理伤口时一定要用清水冲洗，并让伤口开放，随后尽快寻找医生，注射破伤风疫苗。

六、清理伤口预防气性坏疽

气性坏疽是一种相当严重的感染性疾病，主要传染方式是伤口接触。地震后，受灾人员的软组织出现严重的开放性损伤，尤其是臀部、肢体等肌肉比较丰富的位置，容易患上气性坏疽。

气性坏疽的主要症状是伤口发沉发重，有一种紧紧的压迫感，随后，伤口会出现剧痛，即便注射止痛剂也无法缓解。病人会出现头晕、头痛、恶心、呕吐、高热、出冷汗、烦躁不安、呼吸急促、心跳加速等症状。如不能及时救治，则有死亡的可能。

预防气性坏疽的最好方法是清创。此外，患有气性坏疽的病人需保证病房的温暖清洁，且每日消毒，同时保证室内空气流通。

七、戴好手套远离皮肤感染

震后，受灾人员容易出现各类皮肤感染，如湿疹、褥疮、甲沟炎、滑囊炎、手部急性化脓性感染等。致使皮肤感染的原因是病毒、外伤和细菌。病人刚出现感染时，主要表现是畏寒、发热、头痛，随后会诱发淋巴管炎、血栓性静脉炎以及全身性感染。

受灾群众，尤其是救援人员，平时一定要注意佩戴手套，尽量避免皮肤出现破损。如果出现破损，立刻用清水冲洗血渍与污物，并寻找医生进行进一步治疗。

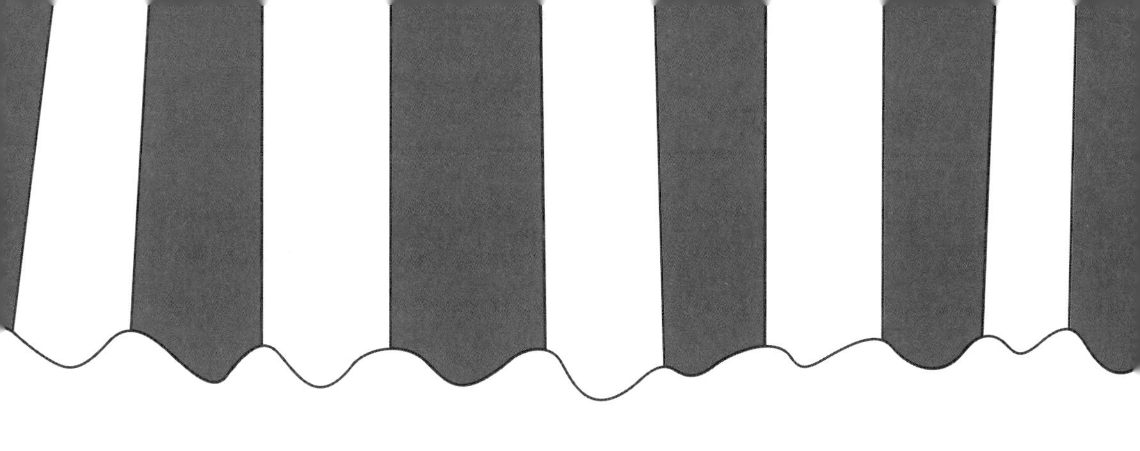

第六章

震后的过渡性安置与恢复

第一节 警惕余震发生

余震，指的是在主震过后接连发生的小地震。通常情况下，余震会在地球内部发生主震的同一地方发生，比如一次主震发生后，后面会紧跟着一系列余震。不过，余震的强度通常比主震小，可是，余震的持续时间却可长达几天、几个月甚至多年。

1945 年 9 月 23 日，河北省唐山市滦县发生了 6.25 级地震。之后，余震在这一地区持续了半年之久，直到次年春天才相对平息。

1974 年 5 月 11 日，云南省昭通地区发生了 7.1 级地震。主震过后，该地区又先后出现了两次 5 级以上的余震。

1976 年 7 月 28 日凌晨 3 时 42 分，河北省唐山市发生了 7.8 级大地震，且在地震发生当天，就又发生了两次震级为6.5级和7.1级的强烈余震。之后，5级以上甚至更强的余震仍不断发生，直到现在，仍然不时有强烈的余震活动。

可见，即便主震过去，我们也要对余震提高警惕，千万不可掉以轻心。

强余震是震后预防的重点对象。由于地球是不断运动和变化的，所以地球内部积攒了巨大的能量。这些能量的充分释放需要一个过程，不是一次地震就可以解决的。所以，主震过后通常都会跟着一系列余震。这些余震有强有弱，小型余震可能只会引起地面的轻微震动，不会造成太大影响；强烈余震却会让建筑物进一步破坏，造成新的人员伤亡。

相比城市，山区更需要防范强余震。

首先，山区地震次生灾害发生得较为频繁。山区有大量的滚石、山体滑坡、崩塌现象，也有堰塞湖、水库等隐患。一旦主震后有强余震发生，这些现象与隐患就会让交通堵塞，引发新的次生灾害，并进一步造成人员伤亡。

其次，山区地震本就对建筑物造成了损毁，随着余震的来临，房屋在相同或不同的位置会进一步受损，尤其是那些位于滑坡体上方或下方的房屋，更是容易受到重大破坏甚至倒塌。

最后，山区不仅有平房，也有楼房，居住在楼房里的人虽然容易被埋压，但幸存者在遇到震后水灾时，却可依靠较高的建筑避险。而居住在平房内的人，虽然容易躲避地震带来的埋压伤害，却更容易受到次生灾害的威胁。

对于余震，各级政府要提高防震意识，正确识别强余震来临的信号，带领灾区人民撤离到相对安全的地区，尽量避免强余震给灾区居民带来进一步伤害。

针对强余震有可能带来的灾害，人们要提前制订好预防方案。尤其是地震部门，更要加强对强余震的预报，同时通报给各个相关部门。一旦有强余震的预报，各部门、各单位应立刻启动预案，采取措施，不给强余震更多的破坏机会。

第二节　防震棚的安置与安全措施

防震棚是人们在躲避地震时居住的临时住所。防震棚构造比较简单，通常是现成的旅行帐篷，或用竹子、茅草、防雨布等材料搭建的暂时性简易居所。不过，无论如何搭建防震棚，都必须保证防震棚所用材料尽可能的轻便，以免在地震、余震发生时，出现因防震棚坍塌导致人员伤亡。

防震棚大多是在地震发生后搭建的。在搭建防震棚时，工作人员需要注意以下三点。第一，防震棚要搭建在开阔地带，不要搭建在山脚下、河滩上、陡坎附近，不要搭建在烟囱、水塔、高压线、危楼附近，不要搭建在阻碍交通的路口以及公共场所周围，以免受到次生灾害波及。第二，搭建防震棚时，不要在顶端用砖头、石头或其他重物压防雨布，以免掉落砸伤人。第三，防震棚内炉火、电线等布局要合理，在搭建防震棚时要注意留好防火通道。

建造防震棚需要因地制宜，既要经济适用，又要起到防震功效。根据地理位置的不同，北方寒冷地区在搭建防震棚时，大多采用半地下式搭建法；而对于潮湿、多雨的南方，防震棚则要搭建在高处。在安置好防震棚后，人们更要注意防震棚内的安全。

▲ 防震棚

通常情况下，防震棚内的安全措施主要是防火安全措施。由于防震棚的建造并不复杂，加之搭建材料大多为易燃物品，所以很容易受到火灾的波及。受灾群众一定要提高防震棚防火意识，同时采取有效的防火措施，这样才能保障防震棚的安全。

防震棚内防火安全措施主要有如下内容。

严禁在防震棚内私自乱接乱拉电线，严禁在防震棚内使用大功率电器。

严禁在防震棚内抽烟，如果防震棚区没有设置吸烟区，那么要注意在室外吸烟后不能乱扔烟头。

严禁在防震棚内使用蜡烛、油灯等照明物品，尽量使用手电筒；严禁在防震棚内点燃蚊香，如必须使用，则要将蜡烛、油灯、蚊香等物放置在装有沙土的铁盆内，以免发生火灾。

严禁在防震棚内使用明火或液化气做饭。

严禁在安全通道处放置杂物，要保证出口的畅通。

严禁在消防栓、消防水池等处放置杂物，严禁覆盖水源；每个防震棚内都需准备灭火工具与消防用水，防震棚内的水桶、水缸要随时储满水。

严禁在防震棚内放置易燃易爆物品，不要将火柴放置在高温处。

除此之外，家长需要教育好孩子，不要让孩子玩火；遇到火险火情时一定要迅速将火扑灭，或者马上与防震指挥中心联系，不要迟疑。

消防部门要保障防震棚区域的消防工作，要做好受灾群众安置与灾后重建工作，要尽量消除防震棚区域所存在的火灾隐患，并积极与防震指挥中心联系，为受灾群众提供防火指导，宣传灭火知识与火灾避险知识。同时积极开展消防安全巡查与防火宣传教育，增强防震棚区域受灾群众的消防意识，并提高他们的自救能力。

防震棚安置与安全需要有关部门与受灾群众共同努力维护，这样才能切实保障群众利益，保护群众人身安全与财产安全。

第三节　震后心理反应与心理救助

震后心理反应与心理救助是我们要做的一项重要工作，人的感情是非常复杂的，需要我们更加理性地面对。地震过后，我们需要拿出更持久的耐心、更长远的规划、更乐观的精神，才能积极面对往后的人生。

一、震后心理反应

灾难过后，地震幸存者会出现各种情绪，比如恐慌、惊跳、麻木、逃避等。这些急性应激反应会对地震幸存者的内心产生伤害，也会让他们患上不同程度的心理疾病。地震发生后，对幸存者进行心理方面的援助，可以减轻他们内心的痛苦，帮助他们适应灾后的生活，同时提高他们的生活质量。

地震发生后，幸存者的心理大致可分为恐慌、短期反应和长期反应三种。

恐慌心理是幸存者初次与地震接触，从而产生的恐惧、震惊、无助等心理。他们会因为自己在地震中受伤、亲友受伤、失去亲友等情况，感到非常难受，继而出现一系列应激反应。

幸存者的最初表现是对地震的强烈恐惧感，尤其是害怕再次发生地震。于是，当周围环境出现一响一动时，他们会过分警惕，可能出现心慌气短、四肢发软，甚至盲目跳楼等行为。

▲ 心理辅导

在这个过程中，有一部分幸存者会强烈暗示自己让自己变得麻木，并开始否认眼前发生的事实。这种心理防御会让这部分幸存者无法适应接下来的社会生活，并衍生出一系列社会性问题。

二、震后心理救助

地震幸存者产生恐慌、无助等心理都是可以理解的。可是，如果这种心理超过一个月甚至更长时间，那就要警惕是否出现了更严重的心理问题。如果幸存者长期处于不良心理中，就有可能出现睡眠障碍、噩梦不断、梦中惊醒等心理病理反应，甚至出现自杀倾向。

所以地震过后，对幸存者的心理建设非常重要。紧急心理救援，就是为了保证幸存者的安全，同时为幸存者提供各种支持和陪伴。具体的紧急心理救援主要以非语言陪伴为主，比如倾听、抚摸等，这些非语言陪伴能满足幸存者的心理需求，帮助他们更好地走出震后心理创伤。

需要注意的是，心理援助人员在对待幸存者时，一定不要说出如下话语。

其一，“我了解你的感受”。

没人能对其他人遭受的苦难真正感同身受。一个未经受灾难、身体健全的人，对一个失去身体某一部分甚至失去所有宝贵人、物的幸存者说出这种话，反而会增加幸存者内心的愤怒，收到相反的效果。说这句话可能是出于好意，但在幸存者听来，却无比刺耳。

其二，“他现在离开更好”“这是她离开的时候了”“起码他走得很痛快”“他走得很轻松，你应该感到高兴”。

这类言语是心理救援的大忌。当对方失去亲友或即将失去亲友时，内心必然处于巨大悲痛之中。这种冷漠的话不但不会让幸存者有所安慰，反而会让他们更加崩溃。当幸存者愿意与心理救援人员谈论此类话题时，心理救援人员可以默不作声，轻轻抚摸幸存者，或者给他们一个拥抱，这样更能安抚他们的情绪。

其三，“你应该向前跨越这些”“那些没把我们打倒的灾难，会让我们更强大”“你会好起来的”。

大道理谁都会讲，但这些大道理却缺少点人情味，令人感受不到心理救援人员的真心。有时候，即使沉默不语，与幸存者一起静静地坐着，也比口若悬河地讲大道理更令人心安。

除了幸存者，地震救援者也要防止耗竭综合征。所有参与地震救援工作的人都有可能患上耗竭综合征。这些人有军人、警察、消防员、志愿者、医护人员、心理救助人员。他们目睹大量悲惨的场面，即便做好了充分的准备，但这种巨大的冲击也会让他们内心难受不已，可能因此患上耗竭综合征。

所以，在开展地震救援活动前后，专业人士需要对救援人员进行心理培训与心理疏导，这样才能帮助救援人员更好地开展救援活动。

无论是对地震幸存者，还是对地震救援人员，我们都要承认、理解他们的情绪，并鼓励他们缓解压抑的情绪、表达自己的感受。毕竟地震过后，人们更需要坚强地面对生活。

第四节 震后环境卫生处理

震后环境卫生处理毫无疑问是非常重要的。地震发生后，人们的生活环境会变得非常脏乱，这时，如不能很好地处理震后环境卫生，就有可能造成传染性疾病的肆虐。因此，地震灾害发生后，相关环境单位与医疗单位要互相协作，确保震后环境卫生无虞。

地震灾害发生后，相关单位应首先对地震区域的环境与卫生状况进行评估。在评估结束后，再有条不紊地进行相关的环境卫生处理。

震后卫生评估主要分为三部分。

一、基本卫生资料评估

地震发生后，相关单位需要尽快收集该地区的基础人口资料，并收集该地方疾病流行情况，以及医护人员、卫生设施的相关资料。

二、环境卫生脆弱性评估

地震灾害发生后，环境卫生工作首先需要确保饮用水、食品卫生、粪便处理、垃圾处理等的需求和优先顺序。同时，还要考虑放射性危险、化学物污染、火灾、爆炸、毒气泄漏等对空气、土壤、水源造成的污染，以及这些污染对人体健康的危害。

三、环境卫生需求评估

除了紧急医疗救援，还需要充分评估医疗人员与医疗点配备的药品、杀虫剂配备量、消毒剂配备量、供水、临时厕所设置量、垃圾收集点设置量等环境卫生需求。

对灾区来说，临时环境卫生必须做好。其中，最关键的一环就是防暑、防寒、防病毒。

灾区居民防暑、防寒较为容易。若地震发生在炎热的夏季，相关人员要指导居民在防震棚上盖遮阴帘、遮阴布，并加强防震棚内的空气流通，防震棚周围中午需要洒水降温，防止出现中暑情况；若地震发生在寒冷的冬季，则要在防震棚四周搭建挡风墙，同时在防震棚的四周涂上泥巴，防止透风，防震棚内还要搭建安全坚固的取暖设施，这样才能防止出现感冒或冻伤。

灾区居民防病毒的方式主要是修建应急公共厕所。粪便是容易滋生细菌、传播病毒的排泄物，因此，卫生防疫人员要指导灾区居民及相关工作人员，利用现有材料，挖一个窄口深坑作为粪坑；同时在四周挖出排水沟，并定期进行清理。临时厕所应设置在下风向，底部应不渗漏，避免污染水源。在人员密集区域可采用专人管理的流动厕所，并及时清理、消毒。

地震过后，各种供水的水源也会受到不同程度的污染。所以，震后初期，环境卫生单位需要提供瓶装水、桶装水等包装水，这样能有效保证饮用水安全。除此之外，人们还要积极寻找备用水源，备用水源要满足水量充足、水质良好、经济便利等条件。震后需保证市政供水，并加强水质监测和饮用水消毒力度。

灾区环境卫生条件受限，受灾群众容易患上胃肠疾病，流水洗手是预防肠道传染病的最有效措施。如果条件允许，灾区居民可在进食前用免洗洗手液等进行手部消毒，清除污渍和微生物，防止病从口入。

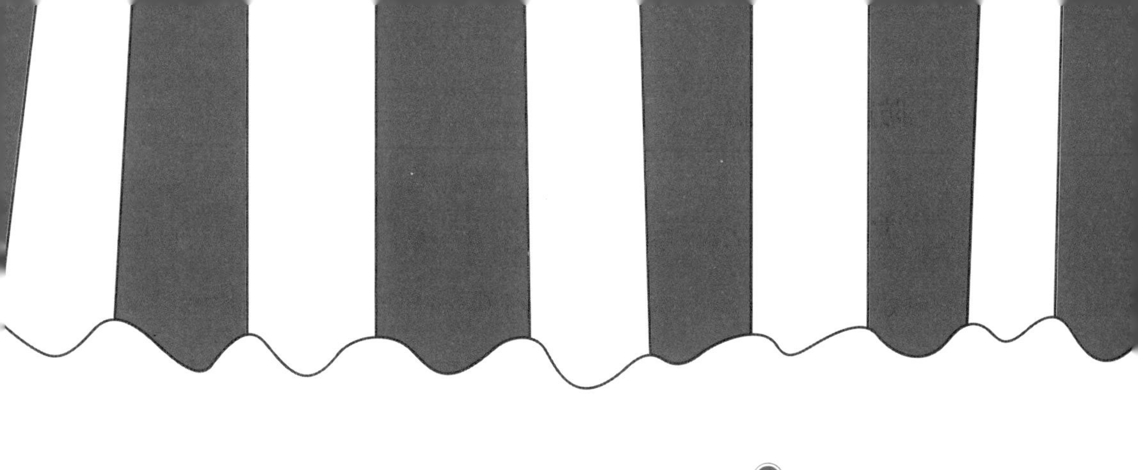

附录

中华人民共和国防震减灾法

中华人民共和国防震减灾法

1997年12月29日，第八届全国人民代表大会常务委员会第二十九次会议通过《中华人民共和国防震减灾法》，自1998年3月1日起施行。

2008年12月27日，第十一届全国人民代表大会常务委员会第六次会议修订，自2009年5月1日起施行。现将修订后的《中华人民共和国防震减灾法》公布。

第一章　总则

第一条　为了防御和减轻地震灾害，保护人民生命和财产安全，促进经济社会的可持续发展，制定本法。

第二条　在中华人民共和国领域和中华人民共和国管辖的其他海域从事地震监测预报、地震灾害预防、地震应急救援、地震灾后过渡性安置和恢复重建等防震减灾活动，适用本法。

第三条　防震减灾工作，实行预防为主、防御与救助相结合的方针。

第四条　县级以上人民政府应当加强对防震减灾工作的领导，将防震减灾工作纳入本级国民经济和社会发展规划，所需经费列入财政预算。

第五条　在国务院的领导下，国务院地震工作主管部门和国务院经济综合宏观调控、建设、民政、卫生、公安以及其他有关部门，按照职责分工，各负其责，密切配合，共同做好防震减灾工作。

县级以上地方人民政府负责管理地震工作的部门或者机构和其他有关部门在本级人民政府领导下，按照职责分工，各负其责，密切配合，共同做好本行政区域的防震减灾工作。

第六条　国务院抗震救灾指挥机构负责统一领导、指挥和协调全国抗震救灾工作。县级以上地方人民政府抗震救灾指挥机构负责统一领导、指挥和协调本行政区域的抗震救灾工作。

国务院地震工作主管部门和县级以上地方人民政府负责管理地震工作的部门或者机构，承担本级人民政府抗震救灾指挥机构的日常工作。

第七条　各级人民政府应当组织开展防震减灾知识的宣传教育，增强公民的防震减灾意识，提高全社会的防震减灾能力。

第八条　任何单位和个人都有依法参加防震减灾活动的义务。

国家鼓励、引导社会组织和个人开展地震群测群防活动，对地震进行监测和预防。

国家鼓励、引导志愿者参加防震减灾活动。

第九条　中国人民解放军、中国人民武装警察部队和民兵组织，依照本法以及其他有关法律、行政法规、军事法规的规定和国务院、中央军事委员会的命令，执行抗震救灾任务，保护人民生命和财产安全。

第十条　从事防震减灾活动，应当遵守国家有关防震减灾标准。

第十一条　国家鼓励、支持防震减灾的科学技术研究，逐步提高防震减灾科学技术研究经费投入，推广先进的科学研究成果，加强国际合作与交流，提高防震减灾工作水平。

对在防震减灾工作中做出突出贡献的单位和个人，按照国家有关规定给予表彰和奖励。

第二章　防震减灾规划

第十二条　国务院地震工作主管部门会同国务院有关部门组织编制国家防震减灾规划，报国务院批准后组织实施。

县级以上地方人民政府负责管理地震工作的部门或者机构会同同级有关部门，根据上一级防震减灾规划和本行政区域的实际情况，组织编制本行政区域的防震减灾规划，报本级人民政府批准后组织实施，并报上一级人民政府负责管理地震工作的部门或者机构备案。

第十三条　编制防震减灾规划，应当遵循统筹安排、突出重点、合理布局、全面预防的原则，以震情和震害预测结果为依据，并充分考虑人民生命和财产安全及经济社会发展、资源环境保护等需要。

县级以上地方人民政府有关部门应当根据编制防震减灾规划的需要，及时提供有关资料。

第十四条　防震减灾规划的内容应当包括：震情形势和防震减灾总体目标，地震监测台网建设布局，地震灾害预防措施，地震应急救援措施，以及防震减灾技术、信息、资金、物资等保障措施。

编制防震减灾规划，应当对地震重点监视防御区的地震监测台网建设、震情跟踪、地震灾害预防措施、地震应急准备、防震减灾知识宣传教育等作出具体安排。

第十五条　防震减灾规划报送审批前，组织编制机关应当征求有关部门、单位、专家和公众的意见。

防震减灾规划报送审批文件中应当附具意见采纳情况及理由。

第十六条　防震减灾规划一经批准公布，应当严格执行；因震情形势变化和经济社会发展的需要确需修改的，应当按照原审批程序报送审批。

第三章　地震监测预报

第十七条　国家加强地震监测预报工作，建立多学科地震监测系统，逐步提高地震监测预报水平。

第十八条　国家对地震监测台网实行统一规划，分级、分类管理。

国务院地震工作主管部门和县级以上地方人民政府负责管理地震工作的部门或者机构，按照国务院有关规定，制定地震监测台网规划。

全国地震监测台网由国家级地震监测台网、省级地震监测台网和市、县级地震监测台网组成，其建设资金和运行经费列入财政预算。

第十九条　水库、油田、核电站等重大建设工程的建设单位，应当按照国务院有关规定，建设专用地震监测台网或者强震动监测设施，其建设资金和运行经费由建设单位承担。

第二十条　地震监测台网的建设，应当遵守法律、法规和国家有关标准，保证建设质量。

第二十一条　地震监测台网不得擅自中止或者终止运行。

检测、传递、分析、处理、存贮、报送地震监测信息的单位，应当保证地震监测信息的质量和安全。

县级以上地方人民政府应当组织相关单位为地震监测台网的运行提供通信、交通、电力等保障条件。

第二十二条　沿海县级以上地方人民政府负责管理地震工作的部门或者机构，应当加强海域地震活动监测预测工作。海域地震发生后，县级以上地方人民政府负责管理地震工作的部门或者机构，应当及时向海洋主管部门和当地海事管理机构等通报情况。

火山所在地的县级以上地方人民政府负责管理地震工作的部门或者机构，应当利用地震监测设施和技术手段，加强火山活动监测预测工作。

第二十三条　国家依法保护地震监测设施和地震观测环境。

任何单位和个人不得侵占、毁损、拆除或者擅自移动地震监测设施。地震监测设施遭到破坏的，县级以上地方人民政府负责管理地震工作的部门或者机构应当采取紧急措施组织修复，确保地震监测设施正常运行。

任何单位和个人不得危害地震观测环境。国务院地震工作主管部门和县级以上地方人民政府负责管理地震工作的部门或者机构会同同级有关部门，按照国务院有关规定划定地震观测环境保护范围，并纳入土地利用总体规划和城乡规划。

第二十四条　新建、扩建、改建建设工程，应当避免对地震监测设施和地震观测环境造成危害。建设国家重点工程，确实无法避免对地震监测设施和地震观测环境造成危害的，建设单位应当按照县级以上地方人民政府负责管理地震工作的部门或者机构的要求，增建抗干扰设施；不能增建抗干扰设施的，应当新建地震监测设施。

对地震观测环境保护范围内的建设工程项目，城乡规划主管部门在依法核发选址意见书时，应当征求负责管理地震工作的部门或者机构的意见；不需要核发选址意见书的，城乡规划主管部门在依法核发建设用地规划许可证或者乡村建设规划许可证时，应当征求负责管理地震工作的部门或者机构的意见。

第二十五条　国务院地震工作主管部门建立健全地震监测信息共享平台，为社会提供服务。

县级以上地方人民政府负责管理地震工作的部门或者机构，应当将地震监测信息及时报送上一级人民政府负责管理地震工作的部门或者机构。

专用地震监测台网和强震动监测设施的管理单位，应当将地震监测信息及时报送所在地省、自治区、直辖市人民政府负责管理地震工作的部门或者机构。

第二十六条　国务院地震工作主管部门和县级以上地方人民政府负责管理地震工作的部门或者机构，根据地震监测信息研究结果，对可能发生地震的地点、时间和震级作出预测。

其他单位和个人通过研究提出的地震预测意见，应当向所在地或者所预测地的县级以上地方人民政府负责管理地震工作的部门或者机构书面报告，或者直接向国务院地震工作主管部门书面报告。收到书面报告的部门或者机构应当进行登记并出具接收凭证。

第二十七条　观测到可能与地震有关的异常现象的单位和个人，可以向所在地县级以上地方人民政府负责管理地震工作的部门或者机构报告，也可以直接向国务院地震工作主管部门报告。

国务院地震工作主管部门和县级以上地方人民政府负责管理地震工作的部门或者机构接到报告后，应当进行登记并及时组织调查核实。

第二十八条　国务院地震工作主管部门和省、自治区、直辖市人民政府负责管理地震工作的部门或者机构，应当组织召开震情会商会，必要时邀请有关部门、专家和其他有关人员参加，对地震预测意见和可能与地震有关的异常现象进行综合分析研究，形成震情会商意见，报本级人民政府；经震情会商形成地震预报意见的，在报本级人民政府前，应当进行评审，作出评审结果，并提出对策建议。

第二十九条　国家对地震预报意见实行统一发布制度。

全国范围内的地震长期和中期预报意见，由国务院发布。省、自治区、直辖市行政区域内的地震预报意见，由省、自治区、直辖市人民政府按照国务院规定的程序发布。

除发表本人或者本单位对长期、中期地震活动趋势的研究成果及进行相关学术交流外，任何单位和个人不得向社会散布地震预测意见。任何单位和个人不得向社会散布地震预报意见及其评审结果。

第三十条　国务院地震工作主管部门根据地震活动趋势和震害预测结果，提出确定地震重点监视防御区的意见，报国务院批准。

国务院地震工作主管部门应当加强地震重点监视防御区的震情跟踪，对地震活动趋势进行分析评估，提出年度防震减灾工作意见，报国务院批准后实施。

地震重点监视防御区的县级以上地方人民政府应当根据年度防震减灾工作意见和当地的地震活动趋势，组织有关部门加强防震减灾工作。

地震重点监视防御区的县级以上地方人民政府负责管理地震工作的部门或者机构，应当增加地震监测台网密度，组织做好震情跟踪、流动观测和可能与地震有关的异常现象观测以及群测群防工作，并及时将有关情况报上一级人民政府负责管理地震工作的部门或者机构。

第三十一条　国家支持全国地震烈度速报系统的建设。

地震灾害发生后，国务院地震工作主管部门应当通过全国地震烈度速报系统快速判断致灾程度，为指挥抗震救灾工作提供依据。

第三十二条　国务院地震工作主管部门和县级以上地方人民政府负责管理地震工作的部门或者机构，应当对发生地震灾害的区域加强地震监测，在地震现场设立流动观测点，根据震情的发展变化，及时对地震活动趋势作出分析、判定，为余震防范工作提供依据。

国务院地震工作主管部门和县级以上地方人民政府负责管理地震工作的部门或者机构、地震监测台网的管理单位，应当及时收集、保存有关地震的资料和信息，并建立完整的档案。

第三十三条　外国的组织或者个人在中华人民共和国领域和中华人民共和国管辖的其他海域从事地震监测活动，必须经国务院地震工作主管部门会同有关部门批准，并采取与中华人民共和国有关部门或者单位合作的形式进行。

第四章　地震灾害预防

第三十四条　国务院地震工作主管部门负责制定全国地震烈度区划图或者地震动参数区划图。

国务院地震工作主管部门和省、自治区、直辖市人民政府负责管理地震工作的部门或者机构，负责审定建设工程的地震安全性评价报告，确定抗震设防要求。

第三十五条　新建、扩建、改建建设工程，应当达到抗震设防要求。

重大建设工程和可能发生严重次生灾害的建设工程，应当按照国务院有关规定进行地震安全性评价，并按照经审定的地震安全性评价报告所确定的抗震设防要求进行抗震设防。建设工程的地震安全性评价单位应当按照国家有关标准进行地震安全性评价，并对地震安全性评价报告的质量负责。

前款规定以外的建设工程，应当按照地震烈度区划图或者地震动参数区划图所确定的抗震设防要求进行抗震设防；对学校、医院等人员密集场所的建设工程，应当按照高于当地房屋建筑的抗震设防要求进行设计和施工，采取有效措施，增强抗震设防能力。

第三十六条　有关建设工程的强制性标准，应当与抗震设防要求相衔接。

第三十七条　国家鼓励城市人民政府组织制定地震小区划图。地震小区划图由国务院地震工作主管部门负责审定。

第三十八条　建设单位对建设工程的抗震设计、施工的全过程负责。

设计单位应当按照抗震设防要求和工程建设强制性标准进行抗震设计，并对抗震设计的质量以及出具的施工图设计文件的准确性负责。

施工单位应当按照施工图设计文件和工程建设强制性标准进行施工，并对施工质量负责。

建设单位、施工单位应当选用符合施工图设计文件和国家有关标准规定的材料、构配件和设备。

工程监理单位应当按照施工图设计文件和工程建设强制性标准实施监理，并对施工质量承担监理责任。

第三十九条　已经建成的下列建设工程，未采取抗震设防措施或者抗震设防措施未达到抗震设防要求的，应当按照国家有关规定进行抗震性能鉴定，并采取必要的抗震加固措施：

（一）重大建设工程；

（二）可能发生严重次生灾害的建设工程；

（三）具有重大历史、科学、艺术价值或者重要纪念意义的建设工程；

（四）学校、医院等人员密集场所的建设工程；

（五）地震重点监视防御区内的建设工程。

第四十条　县级以上地方人民政府应当加强对农村村民住宅和乡村公共设施抗震设防的管理，组织开展农村实用抗震技术的研究和开发，推广达到抗震设防要求、经济适用、具有当地特色的建筑设计和施工技术，培训相关技术人员，建设示范工程，逐步提高农村村民住宅和乡村公共设施的抗震设防水平。

国家对需要抗震设防的农村村民住宅和乡村公共设施给予必要支持。

第四十一条　城乡规划应当根据地震应急避难的需要，合理确定应急疏散通道和应急避难场所，统筹安排地震应急避难所必需的交通、供水、供电、排污等基础设施建设。

第四十二条　地震重点监视防御区的县级以上地方人民政府应当根据实际需要，在本级财政预算和物资储备中安排抗震救灾资金、物资。

第四十三条　国家鼓励、支持研究开发和推广使用符合抗震设防要求、经济实用的新技术、新工艺、新材料。

第四十四条　县级人民政府及其有关部门和乡、镇人民政府、城市街道办事处等基层组织，应当组织开展地震应急知识的宣传普及活动和必要的地震应急救援演练，提高公民在地震灾害中自救互救的能力。

机关、团体、企业、事业等单位，应当按照所在地人民政府的要求，结合各自实际情况，加强对本单位人员的地震应急知识宣传教育，开展地震应急救援演练。

学校应当进行地震应急知识教育，组织开展必要的地震应急救援演练，培养学生的安全意识和自救互救能力。

新闻媒体应当开展地震灾害预防和应急、自救互救知识的公益宣传。

国务院地震工作主管部门和县级以上地方人民政府负责管理地震工作的部门或者机构，应当指导、协助、督促有关单位做好防震减灾知识的宣传教育和地震应急救援演练等工作。

第四十五条　国家发展有财政支持的地震灾害保险

事业，鼓励单位和个人参加地震灾害保险。

第五章　地震应急救援

第四十六条　国务院地震工作主管部门会同国务院有关部门制定国家地震应急预案，报国务院批准。国务院有关部门根据国家地震应急预案，制定本部门的地震应急预案，报国务院地震工作主管部门备案。

县级以上地方人民政府及其有关部门和乡、镇人民政府，应当根据有关法律、法规、规章、上级人民政府及其有关部门的地震应急预案和本行政区域的实际情况，制定本行政区域的地震应急预案和本部门的地震应急预案。省、自治区、直辖市和较大的市的地震应急预案，应当报国务院地震工作主管部门备案。

交通、铁路、水利、电力、通信等基础设施和学校、医院等人员密集场所的经营管理单位，以及可能发生次生灾害的核电、矿山、危险物品等生产经营单位，应当制定地震应急预案，并报所在地的县级人民政府负责管理地震工作的部门或者机构备案。

第四十七条　地震应急预案的内容应当包括：组织指挥体系及其职责，预防和预警机制，处置程序，应急响应和应急保障措施等。

地震应急预案应当根据实际情况适时修订。

第四十八条　地震预报意见发布后，有关省、自治区、直辖市人民政府根据预报的震情可以宣布有关区域进入临震应急期；有关地方人民政府应当按照地震应急预案，组织有关部门做好应急防范和抗震救灾准备工作。

第四十九条　按照社会危害程度、影响范围等因素，地震灾害分为一般、较大、重大和特别重大四级。具体分级标准按照国务院规定执行。

一般或者较大地震灾害发生后，地震发生地的市、县人民政府负责组织有关部门启动地震应急预案；重大地震灾害发生后，地震发生地的省、自治区、直辖市人民政府负责组织有关部门启动地震应急预案；特别重大地震灾害发生后，国务院负责组织有关部门启动地震应急预案。

第五十条　地震灾害发生后，抗震救灾指挥机构应当立即组织有关部门和单位迅速查清受灾情况，提出地震应急救援力量的配置方案，并采取以下紧急措施：

（一）迅速组织抢救被压埋人员，并组织有关单位和人员开展自救互救；

（二）迅速组织实施紧急医疗救护，协调伤员转移和接收与救治；

（三）迅速组织抢修毁损的交通、铁路、水利、电力、通信等基础设施；

（四）启用应急避难场所或者设置临时避难场所，设置救济物资供应点，提供救济物品、简易住所和临时住所，及时转移和安置受灾群众，确保饮用水消毒和水质安全，积极开展卫生防疫，妥善安排受灾群众生活；

（五）迅速控制危险源，封锁危险场所，做好次生灾害的排查与监测预警工作，防范地震可能引发的火灾、水灾、爆炸、山体滑坡和崩塌、泥石流、地面塌陷，或者剧毒、强腐蚀性、放射性物质大量泄漏等次生灾害以及传染病疫情的发生；

（六）依法采取维持社会秩序、维护社会治安的必要措施。

第五十一条　特别重大地震灾害发生后，国务院抗震救灾指挥机构在地震灾区成立现场指挥机构，并根据需要设立相应的工作组，统一组织领导、指挥和协调抗震救灾工作。

各级人民政府及有关部门和单位、中国人民解放军、中国人民武装警察部队和民兵组织，应当按照统一部署，分工负责，密切配合，共同做好地震应急救援工作。

第五十二条　地震灾区的县级以上地方人民政府应当及时将地震震情和灾情等信息向上一级人民政府报告，必要时可以越级上报，不得迟报、谎报、瞒报。

地震震情、灾情和抗震救灾等信息按照国务院有关规定实行归口管理，统一、准确、及时发布。

第五十三条　国家鼓励、扶持地震应急救援新技术和装备的研究开发，调运和储备必要的应急救援设施、装备，提高应急救援水平。

第五十四条　国务院建立国家地震灾害紧急救援队伍。

省、自治区、直辖市人民政府和地震重点监视防御区的市、县人民政府可以根据实际需要，充分利用消防等现有队伍，按照一队多用、专职与兼职相结合的原则，建立地震灾害紧急救援队伍。

地震灾害紧急救援队伍应当配备相应的装备、器材，开展培训和演练，提高地震灾害紧急救援能力。

地震灾害紧急救援队伍在实施救援时，应当首先对倒塌建筑物、构筑物压埋人员进行紧急救援。

第五十五条　县级以上人民政府有关部门应当按照职责分工，协调配合，采取有效措施，保障地震灾害紧急救援队伍和医疗救治队伍快速、高效地开展地震灾害紧急救援活动。

第五十六条　县级以上地方人民政府及其有关部门可以建立地震灾害救援志愿者队伍，并组织开展地震应急救援知识培训和演练，使志愿者掌握必要的地震应急救援技能，增强地震灾害应急救援能力。

第五十七条　国务院地震工作主管部门会同有关部门和单位，组织协调外国救援队和医疗队在中华人民共和国开展地震灾害紧急救援活动。

国务院抗震救灾指挥机构负责外国救援队和医疗队的统筹调度，并根据其专业特长，科学、合理地安排紧急救援任务。

地震灾区的地方各级人民政府，应当对外国救援队和医疗队开展紧急救援活动予以支持和配合。

第六章　地震灾后过渡性安置和恢复重建

第五十八条　国务院或者地震灾区的省、自治区、直辖市人民政府应当及时组织对地震灾害损失进行调查评估，为地震应急救援、灾后过渡性安置和恢复重建提供依据。

地震灾害损失调查评估的具体工作，由国务院地震工作主管部门或者地震灾区的省、自治区、直辖市人民政府负责管理地震工作的部门或者机构和财政、建设、民政等有关部门按照国务院的规定承担。

第五十九条　地震灾区受灾群众需要过渡性安置的，应当根据地震灾区的实际情况，在确保安全的前提下，采取灵活多样的方式进行安置。

第六十条　过渡性安置点应当设置在交通条件便利、方便受灾群众恢复生产和生活的区域，并避开地震活动断层和可能发生严重次生灾害的区域。

过渡性安置点的规模应当适度，并采取相应的防灾、防疫措施，配套建设必要的基础设施和公共服务设施，确保受灾群众的安全和基本生活需要。

第六十一条　实施过渡性安置应当尽量保护农用地，并避免对自然保护区、饮用水水源保护区以及生态脆弱区域造成破坏。

过渡性安置用地按照临时用地安排，可以先行使用，事后依法办理有关用地手续；到期未转为永久性用地的，应当复垦后交还原土地使用者。

第六十二条　过渡性安置点所在地的县级人民政府，应当组织有关部门加强对次生灾害、饮用水水质、食品卫生、疫情等的监测，开展流行病学调查，整治环境卫生，避免对土壤、水环境等造成污染。

过渡性安置点所在地的公安机关，应当加强治安管理，依法打击各种违法犯罪行为，维护正常的社会秩序。

第六十三条　地震灾区的县级以上地方人民政府及其有关部门和乡、镇人民政府，应当及时组织修复毁损的农业生产设施，提供农业生产技术指导，尽快恢复农业生产；优先恢复供电、供水、供气等企业的生产，并对大型骨干企业恢复生产提供支持，为全面恢复农业、工业、服务业生产经营提供条件。

第六十四条　各级人民政府应当加强对地震灾后恢复重建工作的领导、组织和协调。

县级以上人民政府有关部门应当在本级人民政府领导下，按照职责分工，密切配合，采取有效措施，共同做好地震灾后恢复重建工作。

第六十五条　国务院有关部门应当组织有关专家开

展地震活动对相关建设工程破坏机理的调查评估，为修订完善有关建设工程的强制性标准、采取抗震设防措施提供科学依据。

第六十六条　特别重大地震灾害发生后，国务院经济综合宏观调控部门会同国务院有关部门与地震灾区的省、自治区、直辖市人民政府共同组织编制地震灾后恢复重建规划，报国务院批准后组织实施；重大、较大、一般地震灾害发生后，由地震灾区的省、自治区、直辖市人民政府根据实际需要组织编制地震灾后恢复重建规划。

地震灾害损失调查评估获得的地质、勘察、测绘、土地、气象、水文、环境等基础资料和经国务院地震工作主管部门复核的地震动参数区划图，应当作为编制地震灾后恢复重建规划的依据。

编制地震灾后恢复重建规划，应当征求有关部门、单位、专家和公众特别是地震灾区受灾群众的意见；重大事项应当组织有关专家进行专题论证。

第六十七条　地震灾后恢复重建规划应当根据地质条件和地震活动断层分布以及资源环境承载能力，重点对城镇和乡村的布局、基础设施和公共服务设施的建设、防灾减灾和生态环境以及自然资源和历史文化遗产保护等作出安排。

地震灾区内需要异地新建的城镇和乡村的选址以及地震灾后重建工程的选址，应当符合地震灾后恢复重建规划和抗震设防、防灾减灾要求，避开地震活动断层或者生态脆弱和可能发生洪水、山体滑坡和崩塌、泥石流、地面塌陷等灾害的区域以及传染病自然疫源地。

第六十八条　地震灾区的地方各级人民政府应当根据地震灾后恢复重建规划和当地经济社会发展水平，有计划、分步骤地组织实施地震灾后恢复重建。

第六十九条　地震灾区的县级以上地方人民政府应当组织有关部门和专家，根据地震灾害损失调查评估结果，制定清理保护方案，明确典型地震遗址、遗迹和文物保护单位以及具有历史价值与民族特色的建筑物、构筑物的保护范围和措施。

对地震灾害现场的清理，按照清理保护方案分区、分类进行，并依照法律、行政法规和国家有关规定，妥善清理、转运和处置有关放射性物质、危险废物和有毒化学品，开展防疫工作，防止传染病和重大动物疫情的发生。

第七十条　地震灾后恢复重建，应当统筹安排交通、铁路、水利、电力、通信、供水、供电等基础设施和市政公用设施，学校、医院、文化、商贸服务、防灾减灾、环境保护等公共服务设施，以及住房和无障碍设施的建设，合理确定建设规模和时序。

乡村的地震灾后恢复重建，应当尊重村民意愿，发挥村民自治组织的作用，以群众自建为主，政府补助、社会帮扶、对口支援，因地制宜，节约和集约利用土地，保护耕地。

少数民族聚居的地方的地震灾后恢复重建，应当尊重当地群众的意愿。

第七十一条　地震灾区的县级以上地方人民政府应当组织有关部门和单位，抢救、保护与收集整理有关档案、资料，对因地震灾害遗失、毁损的档案、资料，及时补充和恢复。

第七十二条　地震灾后恢复重建应当坚持政府主导、社会参与和市场运作相结合的原则。

地震灾区的地方各级人民政府应当组织受灾群众和企业开展生产自救，自力更生、艰苦奋斗、勤俭节约，尽快恢复生产。

国家对地震灾后恢复重建给予财政支持、税收优惠和金融扶持，并提供物资、技术和人力等支持。

第七十三条　地震灾区的地方各级人民政府应当组织做好救助、救治、康复、补偿、抚慰、抚恤、安置、心理援助、法律服务、公共文化服务等工作。

各级人民政府及有关部门应当做好受灾群众的就业工作，鼓励企业、事业单位优先吸纳符合条件的受灾群众就业。

第七十四条　对地震灾后恢复重建中需要办理行政审批手续的事项，有审批权的人民政府及有关部门应当按照方便群众、简化手续、提高效率的原则，依法及时予以办理。

第七章　监督管理

第七十五条　县级以上人民政府依法加强对防震减灾规划和地震应急预案的编制与实施、地震应急避难场所的设置与管理、地震灾害紧急救援队伍的培训、防震减灾知识宣传教育和地震应急救援演练等工作的监督检查。

县级以上人民政府有关部门应当加强对地震应急救援、地震灾后过渡性安置和恢复重建的物资的质量安全的监督检查。

第七十六条　县级以上人民政府建设、交通、铁路、水利、电力、地震等有关部门应当按照职责分工，加强对工程建设强制性标准、抗震设防要求执行情况和地震安全性评价工作的监督检查。

第七十七条　禁止侵占、截留、挪用地震应急救援、地震灾后过渡性安置和恢复重建的资金、物资。

县级以上人民政府有关部门对地震应急救援、地震灾后过渡性安置和恢复重建的资金、物资以及社会捐赠款物的使用情况，依法加强管理和监督，予以公布，并对资金、物资的筹集、分配、拨付、使用情况登记造册，建立健全档案。

第七十八条　地震灾区的地方人民政府应当定期公布地震应急救援、地震灾后过渡性安置和恢复重建的资金、物资以及社会捐赠款物的来源、数量、发放和使用情况，接受社会监督。

第七十九条　审计机关应当加强对地震应急救援、地震灾后过渡性安置和恢复重建的资金、物资的筹集、分配、拨付、使用的审计，并及时公布审计结果。

第八十条　监察机关应当加强对参与防震减灾工作

的国家行政机关和法律、法规授权的具有管理公共事务职能的组织及其工作人员的监察。

第八十一条　任何单位和个人对防震减灾活动中的违法行为，有权进行举报。

接到举报的人民政府或者有关部门应当进行调查，依法处理，并为举报人保密。

第八章　法律责任

第八十二条　国务院地震工作主管部门、县级以上地方人民政府负责管理地震工作的部门或者机构，以及其他依照本法规定行使监督管理权的部门，不依法作出行政许可或者办理批准文件的，发现违法行为或者接到对违法行为的举报后不予查处的，或者有其他未依照本法规定履行职责的行为的，对直接负责的主管人员和其他直接责任人员，依法给予处分。

第八十三条　未按照法律、法规和国家有关标准进行地震监测台网建设的，由国务院地震工作主管部门或者县级以上地方人民政府负责管理地震工作的部门或者机构责令改正，采取相应的补救措施；对直接负责的主管人员和其他直接责任人员，依法给予处分。

第八十四条　违反本法规定，有下列行为之一的，由国务院地震工作主管部门或者县级以上地方人民政府负责管理地震工作的部门或者机构责令停止违法行为，恢复原状或者采取其他补救措施；造成损失的，依法承担赔偿责任：

（一）侵占、毁损、拆除或者擅自移动地震监测设施的；

（二）危害地震观测环境的；

（三）破坏典型地震遗址、遗迹的。

单位有前款所列违法行为，情节严重的，处二万元以上二十万元以下的罚款；个人有前款所列违法行为，情节严重的，处二千元以下的罚款。构成违反治安管理行为的，由公安机关依法给予处罚。

第八十五条　违反本法规定，未按照要求增建抗干扰设施或者新建地震监测设施的，由国务院地震工作主管部门或者县级以上地方人民政府负责管理地震工作的部门或者机构责令限期改正；逾期不改正的，处二万元以上二十万元以下的罚款；造成损失的，依法承担赔偿责任。

第八十六条　违反本法规定，外国的组织或者个人未经批准，在中华人民共和国领域和中华人民共和国管辖的其他海域从事地震监测活动的，由国务院地震工作主管部门责令停止违法行为，没收监测成果和监测设施，并处一万元以上十万元以下的罚款；情节严重的，并处十万元以上五十万元以下的罚款。

外国人有前款规定行为的，除依照前款规定处罚外，还应当依照外国人入境出境管理法律的规定缩短其在中华人民共和国停留的期限或者取消其在中华人民共和国居留的资格；情节严重的，限期出境或者驱逐出境。

第八十七条　未依法进行地震安全性评价，或者未按照地震安全性评价报告所确定的抗震设防要求进行抗震设防的，由国务院地震工作主管部门或者县级以上地方人民政府负责管理地震工作的部门或者机构责令限期改正；逾期不改正的，处三万元以上三十万元以下的罚款。

第八十八条　违反本法规定，向社会散布地震预测意见、地震预报意见及其评审结果，或者在地震灾后过渡性安置、地震灾后恢复重建中扰乱社会秩序，构成违反治安管理行为的，由公安机关依法给予处罚。

第八十九条　地震灾区的县级以上地方人民政府迟报、谎报、瞒报地震震情、灾情等信息的，由上级人民政府责令改正；对直接负责的主管人员和其他直接责任人员，依法给予处分。

第九十条　侵占、截留、挪用地震应急救援、地震灾后过渡性安置或者地震灾后恢复重建的资金、物资的，由财政部门、审计机关在各自职责范围内，责令改正，追回被侵占、截留、挪用的资金、物资；有违法所得的，没收违法所得；对单位给予警告或者通报批评；对直接负责的主管人员和其他直接责任人员，依法给予处分。

第九十一条　违反本法规定，构成犯罪的，依法追究刑事责任。

第九章　附则

第九十二条　本法下列用语的含义：

（一）地震监测设施，是指用于地震信息检测、传输和处理的设备、仪器和装置以及配套的监测场地。

（二）地震观测环境，是指按照国家有关标准划定的保障地震监测设施不受干扰、能够正常发挥工作效能的空间范围。

（三）重大建设工程，是指对社会有重大价值或者有重大影响的工程。

（四）可能发生严重次生灾害的建设工程，是指受地震破坏后可能引发水灾、火灾、爆炸，或者剧毒、强腐蚀性、放射性物质大量泄漏，以及其他严重次生灾害的建设工程，包括水库大坝和贮油、贮气设施，贮存易燃易爆或者剧毒、强腐蚀性、放射性物质的设施，以及其他可能发生严重次生灾害的建设工程。

（五）地震烈度区划图，是指以地震烈度（以等级表示的地震影响强弱程度）为指标，将全国划分为不同抗震设防要求区域的图件。

（六）地震动参数区划图，是指以地震动参数（以加速度表示地震作用强弱程度）为指标，将全国划分为不同抗震设防要求区域的图件。

（七）地震小区划图，是指根据某一区域的具体场地条件，对该区域的抗震设防要求进行详细划分的图件。

第九十三条　本法自 2009 年 5 月 1 日起施行。